Bibliothèque des
Industrielles, Commerciales et Libérales

LES
MOTEURS
Modernes

à Eau, à Gaz, à Pétrole

ou Électriques

par

Félicien Michotte

INGÉNIEUR E. C. P.

CONSEIL-EXPERT

OFFICIER D'ACADÉMIE

PARIS
J. HETZEL ET Cᴵᴱ, ÉDITEURS
18, RUE JACOB, 18

BIBLIOTHÈQUE DES PROFESSIONS

INDUSTRIELLES, COMMERCIALES, AGRICOLES ET LIBÉRALES

———

SÉRIE G

ARTS ET MÉTIERS

TYPOGRAPHIE FIRMIN-DIDOT ET Cie. — MESNIL (EURE).

BIBLIOTHÈQUE DES PROFESSIONS
INDUSTRIELLES, COMMERCIALES, AGRICOLES ET LIBÉRALES

LES
MOTEURS MODERNES
A EAU, A GAZ, A PÉTROLE
OU ÉLECTRIQUES

PAR

Felicien MICHOTTE

INGÉNIEUR E. C. P. CONSEIL-EXPERT
CHEVALIER DU MÉRITE AGRICOLE, OFFICIER D'ACADÉMIE, ETC.
LAURÉAT DE LA SOCIÉTÉ D'ENCOURAGEMENT
A L'INDUSTRIE NATIONALE,
DE LA SOCIÉTÉ NATIONALE D'AGRICULTURE DE FRANCE,
ETC., ETC.

Série
G
—

Arts
et métiers.
—

PARIS
J. HETZEL ET Cⁱᴱ, ÉDITEURS
18, RUE JACOB, 18
—
Tous droits de traduction et de reproduction réservés.

LES
MOTEURS MODERNES

A EAU, A GAZ, A PÉTROLE OU ÉLECTRIQUES

LES MOTEURS

LEUR ROLE DANS LA CIVILISATION MODERNE[1].

Qu'est-ce que la civilisation ?

La civilisation, dit Littré, est « l'ensemble des opinions et des mœurs qui résulte de l'action réciproque des Arts Industriels, de la Religion, des Beaux-Arts et des Sciences ».

Fourier dit : « La civilisation est l'état social présent. »

Ces définitions sont vagues et il est plus conforme et plus applicable aux civilisations primitives de dire :

« La civilisation est l'état social d'un peuple qui applique ses facultés intellectuelles à des travaux au-

---

1. Conférence faite par l'auteur le 21 avril 1898 à la Bibliothèque Forney, placée sous la direction de M. le Préfet de la Seine.

tres que ceux nécessaires à satisfaire ses besoins matériels. »

Qu'est-ce que le moteur?

Le moteur est l'ensemble de mécanismes qui permet de transformer une force naturelle telle que le vent, le mouvement de l'eau, l'électricité, ou une force artificielle, telle que la vapeur, le gaz, le pétrole, l'air chaud, en une force utilisable.

Examinons les différentes civilisations qui ont précédé la civilisation européenne moderne.

Nous voyons que tous les peuples ont appliqué en premier leurs facultés intellectuelles à l'art décoratif, en décorant leur personne, puis leurs habitations, et que, poussant plus loin cet art, ils sont arrivés à l'architecture, puis à la sculpture, ensuite à la statuaire et enfin à la peinture, qui peut être considérée comme la caractéristique du développement de la civilisation artistique d'un peuple. Dans les arts littéraires et musicaux, la musique apparaît dès l'origine, mais la littérature n'apparaît qu'avec la statuaire, c'est-à-dire lors d'une civilisation déjà assez avancée.

Et nous devons constater que dans toutes ces civilisations l'instruction est nulle; elle est le privilège de quelques-uns, soit d'une classe d'individus, soit d'une caste; en Égypte et dans l'Inde ce sont les prêtres; en Chine et au Japon, c'est la classe spéciale des lettrés. En dehors de ces privilégiés dont toute la science se résume en « savoir lire et écrire » la langue d'une façon plus ou moins complète, le reste du peuple est sans la moindre instruction.

Examinons la civilisation moderne : nous voyons que son point de départ a pour base l'instruction et qu'un État n'est réellement civilisé que si tous ses habitants possèdent un degré suffisant d'instruction.

Mais d'où provient cette instruction ?

De la lecture et, par suite, du livre.

Or, le livre est le produit de l'imprimerie, c'est donc l'imprimerie qui est la base de la civilisation et en cela tous les grands écrivains sont d'accord.

Firmin-Didot dit, en effet, dans son encyclopédie :

« La découverte de l'imprimerie sépare le monde
« ancien du monde moderne, elle ouvre un nouvel
« horizon au génie de l'homme et, par son rapport.
« intime avec les idées, elle semble être un nouveau
« sens dont nous sommes doués. Une immense dif-
« férence la distingue des autres grandes découvertes
« de la même époque, la poudre à canon et le Nou-
« veau Monde ; celle même qui nous est contempo-
« raine, la vapeur, ne saurait lui être comparée. En
« effet, ces grandes et utiles découvertes n'ont agi
« que sur la partie matérielle de l'humanité : la
« poudre à canon, en égalisant la force brutale ; le
« Nouveau Monde, en nous complétant les dons ter-
« restres du Créateur ; enfin la vapeur, en accroissant
« la force productive de l'homme, qu'elle délivre de
« l'excès du labeur auquel il est condamné ; tandis
« que l'imprimerie, qui n'a pas encore achevé sa

« mission d'éclairer le monde sans l'incendier, élève
« le niveau de l'intelligence humaine, en propageant
« la parole que l'écriture avait fixée. »

Sieyès disait à l'Assemblée nationale en 1789 :
« L'imprimerie a changé le sort de l'Europe, elle
changera la face du monde. Je la considère comme
une nouvelle faculté ajoutée aux plus belles facultés
de l'homme ; par elle, la liberté cesse d'être resserrée
dans les petites agrégations républicaines ; elle se
répand sur les royaumes, sur les empires. L'imprimerie est pour l'immensité de l'espace ce qu'était la
voix de l'orateur sur la place publique d'Athènes ou
de Rome ; par elle, la pensée de l'homme de génie se
porte à la fois dans tous les lieux ; elle frappe, pour
ainsi dire, l'oreille de l'espèce humaine entière. »

Si je suis parfaitement d'accord avec les précédents
écrivains que l'imprimerie a fait avancer la civilisation, je dois néanmoins voir quel a été exactement
son rôle.

L'imprimerie a répandu les connaissances en les
fixant et en les vulgarisant, mais son rôle véritable
n'est apparu que le jour où elle n'a plus produit le
livre, mais des livres, des centaines, des milliers, je
dirai plus, des millions de livres ; le jour où le livre
n'est plus devenu la propriété de quelques rares privilégiés, mais la propriété de tous, du plus riche
comme du plus pauvre, de l'habitant des villes comme
de celui des campagnes.

Or, si nous faisons remonter à l'imprimerie tous

les mérites du livre, nous devons également rechercher ce qui a produit ce livre, ce livre que j'appellerai le livre universel, le livre utilitaire, le livre social.

Eh bien, ce n'est pas l'imprimerie seule qui l'a produit, ce livre; elle est un des facteurs de sa production, le principal au début, mais dont le rôle a bien diminué par la suite.

En effet, dans ce livre il y a une chose qui est absolument nécessaire pour qu'il remplisse le rôle qu'il a à remplir, c'est qu'il coûte bon marché. Or, son prix de revient est basé sur deux choses : le prix du papier et le temps mis à l'imprimer.

Le papier aujourd'hui coûte peu, très peu : pourquoi?

Parce que ce papier est fait par une machine, machine qui serait improductive et inutilisable si elle n'avait pas avec elle un moyen d'action puissant qui la fait agir, ce moyen c'est le moteur.

Aux premiers temps de l'imprimerie, l'on imprimait à la presse à bras, chaque feuille demandait un temps très long. Aujourd'hui l'on emploie la machine qui fait vite et bien ; mais cette machine serait bien loin de remplir les conditions demandées, pour obtenir ce livre bon marché, si elle n'avait à côté d'elle ce qui lui donne la force et la vitesse, c'est-à-dire le moteur.

Ce livre est fait, mais il doit, pour remplir son rôle, se transporter à travers le monde.

Or, qu'est-ce qui le transportera vite et à peu de

frais, si ce n'est la machine locomotive, c'est-à-dire encore le moteur?

Pour montrer l'exactitude de cette thèse, remontons à l'origine de l'imprimerie et voyons son rôle.

300 ans avant Jésus-Christ, c'est-à-dire il y a vingt-deux siècles, les Chinois connaissaient l'imprimerie, et cependant, durant cette période, leur civilisation n'a pas fait un pas; loin d'avancer, elle a reculé, car des œuvres artistiques, qui se faisaient couramment il y a plusieurs siècles, ont aujourd'hui leurs secrets de fabrication perdus et l'on ne peut les refaire.

Si l'on jugeait de l'imprimerie par son rôle en Chine, l'on serait mal venu de dire qu'elle est un outil de civilisation.

Voyons son développement en Europe. Elle est créée en 1420 par Gutenberg et, en 1460, l'on trouve des imprimeries fondées en Allemagne, à Venise, à Rome; en 1470 la première est créée en France.

A cette époque le papier se fait à la main et coûte très cher, l'impression se fait par une presse à vis; il sort des presses des volumes énormes et coûtant horriblement cher.

Des maisons nouvelles se montent et le rôle de l'imprimerie reste le même jusqu'en 1790 où William Nicholson de Londres invente une presse mécanique; mais cet essai échoue et c'est en 1814 que deux Allemands, Kœnig et Bauer, de Leipsig, tous deux établis à Londres, inventèrent une presse mécanique mue à la vapeur, laquelle tirait 1.200 à 1.300 feuilles à l'heure.

C'est depuis ce moment que l'imprimerie a pris un réel essor vulgarisateur, essor qui s'est développé chaque jour et a mis à la portée de tous ses produits, c'est-à-dire le livre.

Or, ces progrès se sont faits grâce à de puissantes machines à imprimer qui peuvent aujourd'hui tirer 20.000 et 30.000 feuilles à l'heure, laissant bien loin derrière elles la machine de Kœnig et Bauer.

Mais l'action de ces machines n'est que la conséquence des énergiques et rapides moteurs modernes.

C'est donc le moteur qui est le principal facteur de la civilisation actuelle et non l'imprimerie, comme certains l'ont prétendu, n'ayant considéré qu'un côté tout spécial de la question, enthousiasmés qu'ils étaient par la valeur de cette découverte et surtout par leur ignorance du moteur, inconnu à cette époque ; ils l'ont écrit, d'autres l'ont reproduit. La découverte de l'imprimerie actuellement est quelque peu mise au second plan par les découvertes modernes de l'électricité.

Et, en effet, toute notre civilisation n'a-t-elle pas pour base la machine motrice?

Les chemins de fer sont un des plus puissants facteurs de la civilisation moderne, et, si nous considérons ce qui se passe dans le continent noir à l'heure présente, nous voyons le chemin de fer civiliser rapidement les nègres, alors que ceux-ci ne connaissent ni la lecture, ni les livres.

Et à quoi est due cette action du chemin de fer, si ce n'est au puissant moteur, à la locomotive qui l'entraîne ? à quoi sert une voie de fer et son outillage, si la locomotive n'est pas là ?

Les moteurs, appliqués aux chemins de fer et à la marine, ont rapproché les distances, créé de nouveaux débouchés au commerce et à l'industrie, créé de nouveaux besoins.

L'on peut dire que la civilisation marche parallèlement avec les moteurs ; plus l'homme obtient de puissance de ses moteurs, plus il en crée de nouveaux, plus il cherche à s'approprier de nouvelles forces de façon à aller plus vite et toujours plus vite ; non content d'utiliser les forces naturelles, il emploie tour à tour la chimie et la physique pour en découvrir de nouvelles.

Le télégraphe, le téléphone, ne sont-ils pas la suite naturelle du développement des chemins de fer et de la marine ?

Que servirait-il en effet de converser instantanément et à distance, si les résultats de cette conversation ne pouvaient être obtenus que dans des délais excessivement longs.

L'électricité et ses multiples applications actuelles n'ont-elles pas eu pour première base la télégraphie ? et il est plus que probable que si les chemins de fer n'avaient pas amené la facilité de se déplacer de plus en plus rapide, l'électricité ne serait pas au point où elle en est aujourd'hui.

Si les chemins de fer ont modifié et modifient la vie publique dès le jour de leur apparition, les moteurs à feu, dès qu'ils apparaissent, ne modifient-ils pas du tout au tout la vie agricole?

Le moteur hydraulique perfectionné a transformé l'antique moulin à vent en une usine formidable d'où la farine sort à flots ininterrompus; la machine à battre, puis le moteur à pétrole sont venus faire de chaque ferme une petite usine agricole.

Et, à chaque perfectionnement du moteur, que fait l'industrie?

Non seulement elle produit meilleur marché, mais, non contente de cela, elle produit mieux.

N'est-ce pas la machine à vapeur qui a amené la mécanique et les machines au degré de perfectionnement où elles sont aujourd'hui?

Avant elle, la mécanique n'existait pas, elle s'est créée uniquement pour la construire et son développement a parallèlement développé l'usage et l'emploi des machines dans toutes les industries.

Que peut-on demander aujourd'hui à la machine? tout; — que refuse-t-elle, lorsqu'on le lui demande? — rien.

Dans l'industrie, n'est-ce pas la puissance des moteurs qui permet à l'homme de fabriquer ces immenses pièces de métal qui servent ici de pièces de navire, là de matériel de guerre; ailleurs ces immenses constructions métalliques comme le pont de Garabit, le pont de Forth, la tour Eiffel?

1.

N'est-ce pas encore grâce au concours du moteur qu'il est possible, après avoir fait ces immenses constructions à l'atelier, de les mettre en place?

Regardons les industries du vêtement. N'est-ce pas au moteur que nous devons cette rapidité de fabrication de tout ce qui sert à nous vêtir, rapidité qui nous donne le bon marché et le confortable?

Si l'électricité a conquis en ces dernières années la place immense qu'elle occupe dans notre civilisation, n'est-ce pas grâce au moteur, qui est le seul moyen que nous ayons de la produire, le seul que nous aurons probablement encore longtemps!

De quelque côté que nous tournions nos regards, nous voyons toujours que, sans le secours du moteur, l'homme, malgré tout son génie, malgré toutes ses connaissances, resterait inactif et serait, comme cela arrive souvent à des inventeurs, impuissant à exploiter ses découvertes et ses travaux faute de la puissance nécessaire.

Eh bien, ce moteur a été souvent décrié à ses débuts, il l'est même encore de nos jours et cela par une seule raison, l'ignorance.

N'écrit-on pas encore deçà delà et certains ne le répètent-ils pas, que ce sont les machines qui coupent les bras de l'ouvrier, que ce sont elles qui le réduisent à la misère?

Or, rien n'est plus inexact, rien n'est plus faux.

Et, pour le prouver, supposons que nous supprimions brusquement non pas toutes les machines, mais seulement les machines motrices, c'est-à-dire les moteurs.

Toute l'activité humaine cesse immédiatement et toutes les machines que nous avons créées restent inactives. La force de l'homme étant insuffisante, que fera l'ouvrier ainsi privé de l'action de la machine? rien; il ne pourra rien faire et se retrouverait reporté plusieurs siècles en arrière, au régime des maîtrises où chaque profession n'était que le privilège de quelques-uns.

Admettons que tout ce que fait la machine puisse se faire par la main de l'ouvrier; tout le monde sera-t-il occupé pour cela?

Certes, non, car il arrivera ceci, c'est que tout se fera lentement, par suite tout coûtera très cher, et comme le bon marché est le principal facteur de la production il en résultera que cette production tombera à rien.

Les moteurs sont loin d'avoir coupé les bras à l'ouvrier; ils lui ont donné dix fois plus de travail, mais ils ont modifié ce travail et, au lieu du travail manuel brutal, ils ont donné à l'ouvrier un travail intelligent, où la force manuelle n'est rien, mais où l'intelligence et l'habileté sont tout.

Voyons ce qui se passe actuellement sous nos yeux, dans deux industries nouvelles : l'électricité et l'automobilisme.

Eh bien, ces industries ne peuvent produire ce qu'on leur demande parce qu'elles manquent d'ouvriers exercés à ce qu'on leur demande de faire.

Et ces nouvelles machines, ont-elles fait tort aux industries existantes?

Loin de là. Non seulement elles occupent des milliers d'ouvriers, mais elles ont encore jeté sur nombre d'industries une activité nouvelle en leur demandant des objets nouveaux.

N'avons-nous pas vu les bateliers détruire le premier bateau à vapeur de Denis Papin; puis les habitants des pays où l'on voulait tracer un chemin de fer s'insurger contre les autorités sous le prétexte que cette invention allait ruiner le pays, en supprimant le roulage? Et je pourrais vous rappeler que tout récemment, en 1897, dans un département du Nord où l'on établissait la traction mécanique des bateaux au lieu de la traction par hommes, les habitants protestèrent et allèrent jusqu'à refuser de coucher les ouvriers montant l'usine pour tâcher d'empêcher l'entreprise d'aboutir.

L'on supprime à Paris et dans toutes les villes la traction animale et on la remplace par la traction mécanique.

Cela prive-t-il les ouvriers de travail? Voyons chacun d'eux.

Les cochers doivent être les premiers atteints; mais, non, au lieu du métier brutal de conducteurs de chevaux, ils deviennent conducteurs intelligents d'une machine; ils ont moins de mal et gagnent autant.

Avec les chevaux, cela coûtait cher, il y avait peu de voyageurs et par suite peu de voitures et peu de cochers; avec la machine, cela coûte peu, il faut dix fois plus de voitures et il y a besoin de dix fois plus de conducteurs, s'il y a dix fois plus de voitures ; il en résulte qu'il faut dix fois plus d'employés de toutes classes et dix fois plus d'ouvriers dans toutes les professions qui s'y rattachent, et, si les palefreniers n'ont plus de chevaux à soigner, ils n'ont que l'embarras du choix pour se caser.

Et comment l'homme se nourrirait-il s'il n'avait pas les machines agricoles actionnées par moteurs? Prenons l'Europe ; elle est obligée, pour se nourrir, d'importer d'immenses quantités de matières nutritives, du blé, en particulier ; or, il faudrait en Amérique trois ou quatre millions de bras pour opérer manuellement cette récolte : où les trouverait-on? — et une fois cette récolte faite, comment pourrait-on la transporter sans les chemins de fer, et sans la marine à vapeur?

L'Europe mourrait de faim, sans l'aide des pays d'outre-mer, et cependant la science fait produire bien plus à la terre qu'il y a un siècle, les forêts disparaissent pour faire place aux champs producteurs, tout est utilisé.

Pourquoi cette disette? C'est que la terre d'Europe est trop peuplée, que les populations s'accroissent et doublent en des périodes moindres d'un siècle ; or elle était déjà trop peuplée jadis et la famine y était fréquente.

Et ne voyons-nous pas de nos jours, dans les pays peuplés, l'Inde, la Chine, le Japon, le Tonkin et

l'Algérie, la famine frapper souvent à la porte et condamner à la mort des milliers d'individus? Or, dans
tous ces pays il y a des bras mais pas de machines
pour cultiver la terre et en obtenir un rendement
centuple de ce que l'on obtient à bras.

Il est donc de toute nécessité que les territoires
peu peuplés, où les bras manquent par conséquent,
viennent au secours des autres, et ils ne peuvent le
faire que si la machine est là pour suppléer aux bras
absents et si cette même machine est encore là pour
transporter au loin les produits récoltés.

Voyons d'ailleurs ce qui s'est produit pendant la
guerre de Sécession en Amérique.

L'Amérique elle-même mourait de faim, faute de
bras; ce sont les machines travaillant sous la conduite des femmes des combattants qui ont sauvé la
République et les habitants.

Les moteurs ont amené une modification profonde
dans l'état social, en détruisant d'une façon complète
les classes et les castes de métiers, aussi bien en Europe
que dans les civilisations orientales, nivelant toutes
catégories, par leur suppression, plaçant tous les
ouvriers sur le même rang, habileté à part, permettant même à celui qui jadis n'était pas ouvrier de
l'être, permettant aussi à l'ouvrier de devenir et inventeur et patron.

Cette modification profonde a été toute profitable à
l'ouvrier et l'a rendu l'égal de tout autre individu,
quel que fût son rang, en lui permettant et d'acquérir

et de parvenir là où son mérite et son intelligence le poussaient.

Certains ont voulu aller plus loin et ont créé ce qu'on a appelé bien injustement : la question sociale, au nom de laquelle l'on demande l'égalité... de fortune pour tous. Dangereuse utopie, irréalisable heureusement, car elle serait et la ruine de la nation et celle de l'ouvrier ; ceux qui la préconisent oublient que si l'égalité du citoyen peut et doit exister, l'égalité du capital ne peut exister ; car elle dépend de l'activité et de l'intelligence, deux facteurs à la portée de tous, mais qui, eux, ne sont pas égaux pour tous, il s'en faut de beaucoup, et qui, dans la civilisation actuelle, sont souvent plus puissants que le capital.

Il y a dans notre société des pauvres et des misères à soulager, ce sont les mains de la Solidarité et de la Fraternité largement ouvertes qui doivent les supprimer et rétablir l'égalité matérielle qui permet à l'individu de vivre et lui donne la force nécessaire pour travailler.

L'on peut donc dire que le moteur est l'agent le plus puissant de la civilisation et que la civilisation marche parallèlement avec le développement des moteurs.

MOTEURS ANIMÉS — MOTEURS ATMOSPHÉRIQUES

I

NOTIONS GÉNÉRALES DE MÉCANIQUE CONCERNANT LES MOTEURS.

Force. — On appelle force toute cause qui tend à modifier l'état de repos ou de mouvement d'un corps.

Travail. — Toute force qui se déplace produit un travail ; le travail est par suite le produit d'une force par le chemin parcouru par son point d'application [1].

Puissance. — La puissance est l'expression du travail pendant l'unité de temps.

L'on confond généralement les expressions **force,**

---

1. Absurdité de la recherche du mouvement perpétuel. Toute force en mouvement produit un travail, c'est l'oubli de cette vérité qui conduit les inventeurs dans la recherche de mécanismes propres à donner le mouvement perpétuel.

En effet, toutes les recherches de cette sorte sont basées sur le principe du levier, et ont pour but de placer une petite force à l'extrémité d'un bras de levier, lequel peut être aussi long que possible, et d'ob-

travail et puissance; l'on ne doit pas dire la force d'un moteur est de 2 chevaux, mais la *puissance;* car ce nombre 2 ne représente pas le travail produit par l'effort exercé pendant la course complète mais il représente seulement le travail *ramené à l'unité de temps,* c'est-à-dire à la seconde.

tenir ainsi de l'autre bras une force d'autant plus grande que le rapport des bras de leviers sera plus grand.

Ceci est exact, mais ils oublient le point capital, c'est qu'une force en mouvement produit un travail et que le travail ne se multiplie pas; qu'il doit y avoir égalité entre le travail produit par chaque bras ; que la petite force à l'extrémité du grand bras ne produira qu'un travail proportionnel à son déplacement et que pour produire un grand travail elle devra avoir une grande course; et que si le petit bras produit un grand effort, il ne lui sera possible, par le jeu même du levier, que de donner une petite course, laquelle sera avec la première en rapport inverse de celui des bras et, par suite, il ne pourra produire qu'un travail égal et même inférieur à celui produit par l'autre bras puisqu'il y aura à tenir compte des résistances passives qui donnent lieu à une perte de travail.

Prenons un exemple.

Un levier de petit bras de 10 centimètres.

Un levier de grand bras de 100 centimètres, soit 10 fois plus grand. Appliquons une force de 20 kgr. au grand bras; le rapport des bras étant de 1 à 10, la force qui se trouvera appliquée à l'extrémité du petit bras sera 200 kgr.

Le travail produit sera pour le grand bras, si C est la course

$$T = 20 \times C$$

pour le petit bras c.

$$T' = 200 \times c.$$

Or, les courses C et c sont entre elles comme les rayons des cercles décrits par l'extrémité des leviers; si le petit bras est r, le grand bras est 10 r, d'où

course du petit bras = 1 ; course du grand bras = 10.

Le travail devient alors

$$T = 20 \times 10 = 200$$
$$T' = 200 \times 1 = 200$$

c'est-à-dire égal dans les deux cas.

Mesure des forces. — L'on mesure les forces en prenant pour unité l'effort exercé par l'unité de poids, c'est-à-dire par le poids d'un kilogramme.

Le travail a pour unité le produit de l'unité de force (*le kilogramme*) par l'unité de longueur (*le mètre*) durant l'unité de temps (*la seconde*) ; cette unité a reçu le nom de kilogrammètre.

C'est le travail de 1 kgr. se déplaçant d'un mètre en 1 seconde.

Pour mesurer la puissance des moteurs, on a pris comme unité en France le cheval-vapeur qui représente l'action d'une force de 75 kilogrammes parcourant un mètre en une seconde.

Ce mot cheval est très impropre, car il ne représente nullement la force d'un cheval, laquelle, très variable, ne peut servir ni d'unité ni de comparaison, ne pouvant être soutenue pendant une durée illimitée comme le moteur inanimé. Un cheval-vapeur donne plus de puissance que 3 chevaux travaillant chacun un maximum de 8 heures.

En Angleterre, l'unité est le horse-power qui vaut 75 kilogrammètres, 9.

Cette désignation, qui date de l'origine de la machine à vapeur, ne répond plus aux besoins de la mécanique moderne, elle n'est plus en correspondance avec les unités électriques, aussi le Congrès de 1880 a-t-il établi comme unités de puissance :

Le cheval de 75 kilogrammètres ;

Le Poncelet de 100 kilogrammètres.

C'est cette dernière unité que l'on devrait adopter, vu sa commodité numérique.

Le kilowatt, unité de puissance électrique, vaut 1 cheval 36 ou 1,02 poncelet ou 102 kilogrammètres.

Unités électriques. — Les unités employées en électricité sont rattachées au système dit *d'unités absolues* ou centimètre-gramme-seconde, par abréviation *système C. G. S.*

On dit également *unités C. G. S.*, c'est-à-dire que le *centimètre* est l'unité de longueur, que la masse du *gramme* est l'unité de masse[1], que la *seconde* est l'unité du temps.

L'unité de résistance est l'*Ohm;*

L'unité d'intensité, l'*Ampère;*

L'unité de quantité, le *Coulomb.*

Ces deux unités sont les mêmes : le *coulomb* exprime la quantité d'électricité débitée en une seconde sous l'intensité d'un ampère, et l'*ampère* exprime l'intensité d'un courant qui débite 1 coulomb en une seconde.

Remarque. — En hydraulique l'*unité* de *quantité* est le *mètre cube* et l'*unité* de *débit* est également le *mètre cube*, tandis qu'en électricité, l'on spécifie que l'unité de *quantité* est le *coulomb* et que celle de *débit* ou d'*intensité* est l'*ampère.*

L'unité pratique est le *kilowatt* ou 1.000 watts.

---

1. Ou $\frac{g}{P} = m$, or P est variable suivant le point où il est mesuré, tandis que g est invariable, c'est ce qui a fait choisir cette unité au lieu de celle du gramme.

Cette unité exprimée en heure donne le *kilowatt-heure* ou le *travail* produit par 1.000 watts pendant une heure.

Remarque. — Le *travail électrique* est donc exprimé par le produit des *volts* et des *ampères* exprimés en *watts*.

Travail = ampères × volts = watts.

L'on ramène les *Watts* en *kilogrammètres* en divisant le nombre de Watts par l'intensité de la pesanteur 0,81.

$$\frac{W}{9,81} = \text{kilogrammètres} = \frac{EI}{9,81}$$

d'où on déduit :

L'unité pratique est l'*Ampère-heure*[1] ou intensité de 1 ampère durant 1 heure, soit 1 × 3.600, = 3.600 coulombs.

L'unité de force électromotrice est le *Volt*.

L'unité de puissance est le *Watt;* c'est la puissance produite par un courant de 1 ampère sous une tension d'un volt.

---

1. Ces unités ont des multiples et des sous-multiples décimaux exprimés suivant le système décimal :

Déca	signifie	10	Deci	signifie	1/10
Hecto	—	100	Centi	—	1/100
Kilo	—	1.000	Milli	—	$\frac{1}{1.000}$
Myria	—	10.000			
Mega	—	100.000	Micro	—	$\frac{1}{10.000}$

Un décawatt	vaut	10	watts.
1 hectowatt	—	100	—
1 kilowatt	—	1000	— ou 10 hectowatts.

1 watt $= \dfrac{1}{91}$ kgm. $= 0^k, 1019 =$ env. 1/10 kgm.

10 watts $= 1$ kgm. 0193.

100 watts $= 10$ kgm. 193.

1000 watts $= 101$ kgm. 93 ou 1,019 poncelet.

1000 watts valent donc un peu plus de 1 poncelet.

1 cheval-vapeur vaut 736 watts.

1 horse-power vaut 746 watts.

Le travail en chevaux-vapeur est donc égal

$$T_c = \frac{EI}{9,81 \times 75}$$

en poncelets

$$T_p = \frac{EI}{9,81 \times 100}$$

Multiples et sous-multiples des unités électriques.

SIGNIFICATIONS.	UNITÉS.	ABRÉ-VIATIONS.	Représentation dans les formules.
Longueur...........	Centimètre.	C.	
Masse..............	Masse du gramme.	G.	
Temps.............	Seconde.	S.	
Résistance électrique.	Ohm.	Ohm.	
Quantité...........	Coulomb.	Coul.	
Intensité..........	Ampère.	Amp.	I.
Intensité pratique....	Ampère-heure.	Amp.-h.	
Potentiel..........	Volt.	Volt.	E.
Puissance électrique..	Watt.	W.	W.
Puissance pratique...	Kilowatt-heure.	Kw.-h.	
Puissance mécanique.	Kilogrammètre.	Kgm.	
Puissance pratique...	Poncelet.	Pon^t.	
Puissance ou travail.			P. ou T.

Conversion des Chevaux en Poncelets et des Poncelets en Chevaux.

3,4 N = P		3/4 N = P		1,33 P = N CHX	
1/4 Ch^r.	8/16 0^p,175	17 Ch^r.	12 8/4 Pon^t	6 Pon^t	8 Ch^r.
1/3	1/4	18	13 1/2	7	9 1/8
1/2	8/8 0^p,375	19	14 1/4	8	10 2/8
3/4 env.	1/2 0^p,5075	20	15	9	12
1	8/4	21	15 8/4	10	18 1/3
1 1/2	1^p,12	22	16 1/2	11	14 2/8
2	1 1/2	28	17 1/4	12	16
2 1/2	1^p,875	24	18	18	17 1/8
3	2 1/4	25	18 8/4	14	18 2/8
3 1/2	2,625	30	22 1/2	15	20
4	8	40	80	16	21 1/8
4 1/2	3,375	50	87 1/2	17	22 2/8
5	3 3/4	100	75	18	24
6	4 1/2			19	25 1/8
7	5 1/4	**1,33 P = N CHX**		20	26 2/8
8	6	1 Pon^t.	1/8 Ch^r.	21	28
9	6 8/4	1,5	2	22	29 1/8
10	7 1/2	2	2 2/3	23	80 2/8
11	8 1/2	2,5	8 1/3	24	82
12	9	3	4	25	33 1/3
13	9 8/4	8,5	4 2/3	80	40
14	10 1/2	4	5 1/3	40	58 1/2
15	11 1/4	4,5	6	50	66 2/8
16	12	5	6 2/8	100	188 1/3

TRAVAIL.

Travail moteur. — Travail utile. — Rendement. — Le travail moteur est le travail fourni par la puissance motrice à la machine.

Le travail résistant est le travail des résistances produites par le fonctionnement de la machine.

Le travail utile est le travail utilisable produit par la machine.

Le fonctionnement de toute machine donne pour relation.

$$\frac{\text{Travail utile}}{\text{travail moteur}} = \text{Rendement.}$$

Le rendement est donc le rapport du travail utile au travail moteur ; d'où :

Travail moteur = travail utile + travail résistant.

Si les deux travaux étaient égaux, le rendement serait de 1 ou de 100 pour 100, la machine n'aurait aucune perte ; mais cela est impossible à réaliser, car, quelle que soit la machine, il y a forcément des frottements qui produisent une résistance passive et par suite diminuent le travail recueilli ; mais chaque genre de moteur a sa source particulière de pertes, ce qui fait que le rendement est toujours assez éloigné de l'unité.

TRAVAIL DISPONIBLE.

Travail absolu. — Travail indiqué. — Travail effectif. — Il y a plusieurs moyens d'indiquer la puissance d'une machine, suivant l'endroit où l'on se place pour opérer cette mesure.

Le *travail disponible* est celui donné par le calorique quand le cycle a un rendement égal à celui du cycle de Carnot.

Le travail ou la puissance absolue est le travail produit par le piston sans tenir compte de la contre-pression qui existe à l'avant de ce piston.

Le travail indiqué ou la puissance indiquée est celle calculée en retranchant l'effort dû à la contre-pression. Elle se calcule à l'indicateur de Watt.

C'est la puissance utilisable produite par le piston.

Pour la calculer, il faut prendre la pression moyenne du fluide développé sur le piston.

P_m étant la pression moyenne en kilogrammes.

S — surface du piston

C — course —

N — nombre de tours par minute

$\dfrac{N}{60}$ — — — seconde.

La *puissance* sera

$$P = \frac{P_m \, SCN}{60} \text{ en kilogrammètres par seconde,}$$

$$P = \frac{P_m SCN}{60 \times 75} \text{ en chevaux,}$$

$$P = \frac{P_m SCN}{60 \times 100} \text{ en poncelets.}$$

Le *travail effectif* ou la *puissance effective* est le travail recueilli sur l'arbre de la machine.

Ce travail se mesure au frein de Prony.

Il y a à faire attention, dans une machine, si la puissance est la puissance indiquée ou la puissance effective ; car la puissance indiquée est bien celle réellement produite par la machine, tandis que la puissance effective n'est que celle réellement utilisable ; la première étant plus élevée que la seconde puisqu'elle ne tient pas compte des résistances propres. Et ces deux modes d'indication prêtent souvent à confusion.

Travail produit par la chaleur. — La chaleur se transforme en travail, c'est l'application de ce principe qui a été faite dans les moteurs empruntant à la chaleur leur force motrice et connus sous le nom de machines thermiques.

Et inversement le travail se transforme en chaleur.

Dans toute machine thermique, il y a un travail produit par une disparition correspondante de chaleur ; le rapport de la chaleur disparue au travail produit a été trouvé = à 425 kilogrammètres par calorie.

La *calorie* est *l'unité de chaleur,* c'est la quantité de chaleur nécessaire pour élever de 1 degré un kilogramme d'eau.

Ce chiffre de 425 porte par suite le nom d'*équivalent mécanique* de la chaleur.

Rendement thermique et rendement organique. — Le rendement thermique est le rapport entre la chaleur produite et celle transformée en travail par un moteur.

Le rendement organique ou rendement générique dépend de l'utilisation plus ou moins parfaite du fluide moteur par la machine ; c'est le rendement du moteur, ou le rapport entre le travail indiqué et le travail effectif.

$$\frac{T_i}{T_e} = R$$

Frottement. — L'effort qui s'oppose au déplacement de deux corps en contact est connu sous la désignation de frottement.

Le coefficient de frottement est le rapport entre la force déterminant le mouvement du corps et l'effort qu'il oppose.

Ce coefficient est généralement faible et on le réduit au minimum en interposant entre les surfaces en contact des lubrifiants, c'est-à-dire des corps gras quelconques.

Coefficients de frottement.

INDICATIONS DES SURFACES.	ÉTAT DE LA SURFACE.	COEFFICIENT.	
		AU DÉPART.	EN MOUVE- MENT.
Corde sur chêne.............	À sec.	0,62	0,52
Chêne sur chêne.............	—	0,61	0,48
Courroie sur chêne...........	—		0,30 à 0,35
Courroie sur fonte ou bronze....	—		0,40 à 0,56
Courroie de transmission	—		0,30 à 0,40
Chêne, orme, fonte, fer, acier, bronze, l'un sur l'autre ou sur eux-mêmes................	très légèrement gras. lubrifiée.	0,17	0,15
Les mêmes cordes sur fonte avec coincement................			0,07 à 0,08
	à sec.		0,70
Câble en fer sur poulie à gorge..	à sec.		0,15
Câble en fer sur poulie garnie de cuir ou de gutta.............			0,70

Diagramme. — Le mouvement des gaz ou des vapeurs à l'intérieur du cylindre d'une machine peut se représenter graphiquement à l'aide d'un diagramme.

Prenons deux axes rectangulaires, l'un *ox* horizontal, l'autre *oy* vertical.

Portons sur l'axe horizontal les volumes mesurés en

divers points de la course à une échelle déterminée et sur l'axe vertical les pressions obtenues en ces mêmes points; les rencontres des lignes correspondantes à chaque point nous donneront les points, lesquels peuvent être aussi voisins que l'on veut et qui constitueront une courbe, représentation graphique exacte des phénomènes qui se passent à l'intérieur du cylindre. Ces courbes se ferment par suite du cycle par-

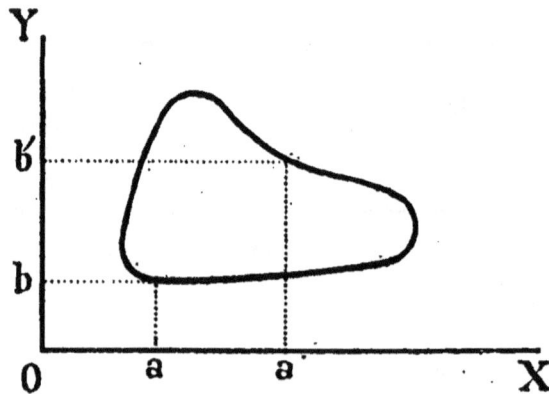

Fig. 1.

couru dans la machine, et la surface comprise dans la courbe ainsi formée représentera le travail.

Dans la marche en avant du piston nous porterons positivement de O vers X les longueurs de la course en ses divers points, lesquels représenteront également les volumes, ceux-ci étant proportionnels à la course ; dans le mouvement de retour, au contraire les distances seront portées de X vers O ou négativement.

L'on peut construire point par point la courbe en relevant la pression à chaque position du piston ; mais

on opère généralement à l'aide d'un enregistreur automatique appelé *indicateur,* qui inscrit les pressions
d'un mouvement continu sur un papier se développant proportionnellement à la marche du piston.

HYDRAULIQUE.

La hauteur de chute. — La hauteur de chute

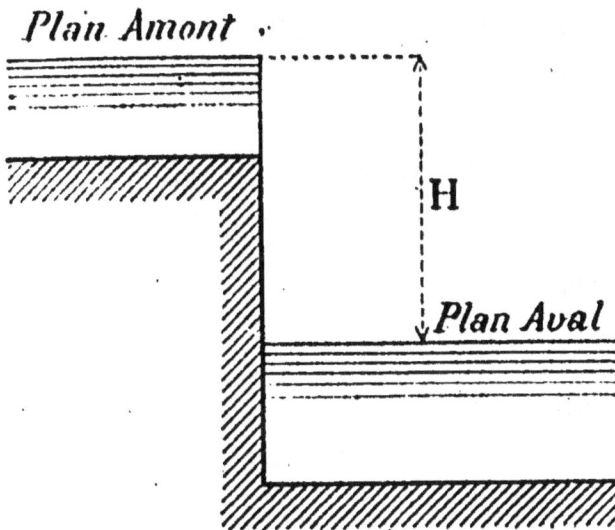

Fig. 2.

est la différence de niveau entre deux plans d'eau,
mesurée en mètres.

Niveau d'amont, celui qui est le plus élevé, et par
suite le plus près de la source.

Niveau d'aval, le plus bas et le plus éloigné de la
source.

Remarque. — Cette hauteur est la différence

2.

entre le niveau du plan d'eau supérieur et la surface de l'eau inférieure, et non, comme on le pense très souvent, la distance entre le niveau supérieur et le fond de la rivière.

Le travail d'une chute d'eau a pour valeur le produit du poids d'eau écoulée par la hauteur de chute.

P. Poids d'eau en mètres cubes écoulés en une seconde.

H. Hauteur de chute en mètres.

Tm. Travail théorique[1] produit par la chute ou travail moteur.

$$T_m = PH.$$

Son expression en chevaux :

$$T_m = \frac{PH}{75}$$

En poncelets :

$$T_m = \frac{PH}{100}$$

Le rendement d'un récepteur hydraulique est le rapport entre le produit PH et le travail recueilli sur l'arbre mesuré au frein.

Vitesse de l'eau en fonction de la chute.

$$V = \sqrt{2gH.}$$

L'Énergie cynétique est l'énergie produite par l'action de la vitesse de l'eau et qui permet d'utiliser la pression hydrostatique et de la transformer en travail.

---

1. C'est ce travail théorique qui sert pour exprimer la force d'une chute d'eau.

II

DES MOTEURS EN GÉNÉRAL.

Sous le nom de moteur, l'on désigne toute machine réceptrice, recevant une force quelconque, naturelle ou produite spécialement, et la transformant en un effort moteur, c'est-à-dire propre à produire un mouvement pouvant être employé utilement ou un travail.

Division des moteurs. — Les moteurs sont de deux sortes :

1° Les moteurs animés qui sont l'homme et les animaux.

2° Les moteurs inanimés ou machines motrices.

Les moteurs inanimés classés par ancienneté d'emploi sont :

1° Le moteur hydraulique ou à eau.

2° Le moteur atmosphérique ou à vent

3° Le moteur à vapeur ou machine à vapeur.

4° Le moteur à gaz et à pétrole.

5° Le moteur à air chaud.

6° Le moteur électrique.

Moteurs animés. — Les moteurs animés comprennent l'utilisation de l'homme et des animaux; cette utilisation, qui a eu des applications considérables dans les premiers âges de notre civilisation et qui nous a donné les Pyramides d'Égypte, voit son application réduite chaque jour et elle ne sera bientôt plus qu'une exception. A l'emploi de sa force musculaire, l'homme a substitué l'emploi de sa puissance cérébrale, et son bras n'agit que pour commander au moteur.

Pour l'animal, il en est de même; lui qui jadis était la base de l'activité humaine, qui servait non seulement à permettre les déplacements, à donner, grâce au manège, la force nécessaire à l'homme pour ses besoins immédiats, soit en tournant la meule du moulin ou en extrayant le charbon des entrailles de la terre, qui, seul moyen de transport, donnait l'activité à la vie commerciale et qui, il n'y a pas un demi-siècle, servait de critérium de la puissance commerciale d'un individu, car l'on disait à cette époque pour coter un commerçant : « Il a cheval et voiture, » l'animal se trouvera bientôt relégué au dernier plan et remplacé par le moteur automobile. Et, dans quelques années, ce même animal servira de critérium inverse, et l'on dira pour coter quelqu'un : « Il n'a qu'un cheval, » comme l'on dit aujourd'hui : « Il n'a qu'un âne. »

Le rôle du moteur animé est donc actuellement relégué au dernier plan, comme moteur, mais de cela nous devons nous féliciter puisqu'il améliore le sort de l'homme en lui demandant le travail de son intelligence au lieu de son travail musculaire, et celui de l'animal en ne lui laissant plus à faire qu'un travail en rapport avec sa nature.

Utilisation de l'homme. — L'homme est encore utilisé à actionner la roue des carriers, roue de grand diamètre que l'ouvrier met en mouvement par son poids et qui sert à extraire des pierres dans les petites exploitations;

Le treuil et le cric, dans lesquels la puissance musculaire des bras sert à faire tourner un axe sur lequel s'enroule une corde, laquelle soulève un poids placé à son extrémité;

Le palan, où la force musculaire sert à élever un fardeau par traction, sans intermédiaire d'un mouvement de rotation.

L'homme sert également à tirer, à porter et à monter des fardeaux.

L'action de la pédale du tour, de la meule est un mode d'emploi dans lequel on utilise la puissance musculaire des membres inférieurs jointe au poids du corps.

Utilisation de l'animal. — L'animal, comme moteur industriel, est employé à faire mouvoir le manège.

Les manèges sont de deux sortes :

1° Manège rotatif.

2° Manège à plans inclinés.

Manège rotatif. — Le manège rotatif a pour

but de transformer le mouvement lent produit par la
marche d'un cheval agissant sur un axe par l'inter-

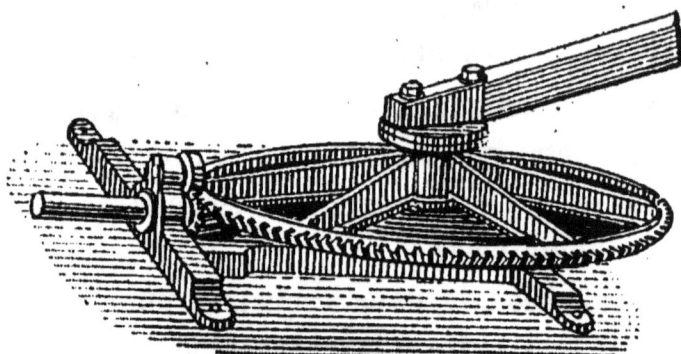

Fig. 3. — Manège à faible vitesse.

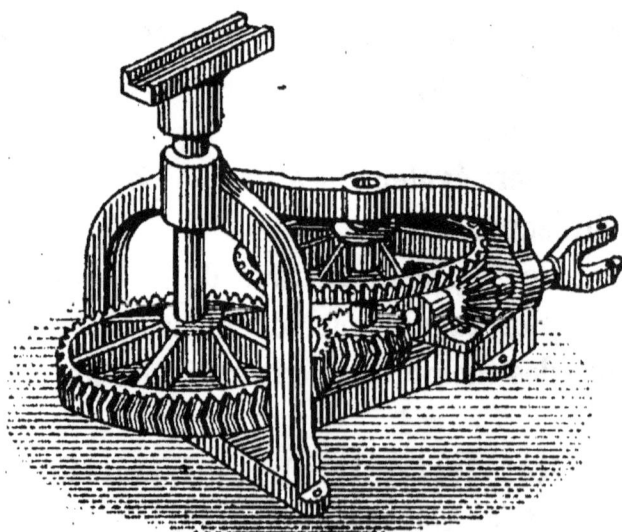

Fig. 4. — Manège à grande vitesse.

médiaire d'un levier en un mouvement de rotation rapide pouvant être utilisé.

Le manège se compose d'un axe vertical, central,

relié à la flèche à laquelle est attaché le cheval ; cet axe porte un grand engrenage qui actionne un ou plusieurs engrenages multiplicateurs de vitesse, de faibles diamètres et dont le dernier porte l'axe moteur.

Ce moteur sert pour actionner de petites pompes ou de petits insturments d'agriculture auxquels on demande peu de travail, coupe-racines, broyeurs d'ajoncs, etc.

Manège à plan incliné. — Dans ces dernières années, un nouveau manège a été créé dans lequel le cheval agit par son poids.

Ce manège se compose d'un tablier continu incliné et mobile, supporté à ses extrémités par deux rouleaux horizontaux ; l'un des rouleaux porte un axe sur lequel sont montés des organes de transmission de mouvement.

Le cheval est placé sur le tablier et est contraint par la mobilité de ce tablier de marcher pour ne pas être entraîné par lui, et ce mouvement force le tablier à glisser en sens inverse du mouvement du cheval et par suite entraîne dans son mouvement le rouleau portant l'axe et lui communique un mouvement de rotation.

Leur travail se calcule par :

M poids du moteur,

α l'angle d'inclinaison du tablier,

v vitesse du tablier,

k rendement de la machine.

Le travail mécanique par seconde s'exprime par

$$T = M \sin \alpha r v.$$

$v = 0^m,87$ en moyenne.

$r = 0,65.$

$$T = 0,5655 \, M \sin \alpha.$$

Des expériences de M. Ringelmann, il résulte qu'un cheval fournit 80 kilogrammètres et deux chevaux 103 kgr., tandis qu'avec le manège ordinaire l'on n'obtiendrait que 40,5 kgrm. par cheval. Il y a donc avantage à employer ces manèges.

Il a constaté également qu'un manège à plan incliné à un cheval rend plus de travail que celui à 2 chevaux ; que le second a un rendement qui n'est que les 8/10 du premier.

Emplois. — Ces manèges sont surtout employés en agriculture pour actionner de petites batteuses à blé.

Le travail donné par eux avec un cheval de 550 à 600 kilogrammes est de 12 à 20 hectolitres de blé battu en dix heures et de 24 à 40 hectolitres d'avoine.

Soins. — Ces manèges doivent être munis d'un régulateur agissant sur un frein pour éviter les accidents, être soigneusement nettoyés et avoir leurs galets bien graissés, sans cela leur rendement devient très mauvais.

Nous donnons ci-dessous les renseignements sur les forces que peuvent produire les moteurs animés, ce qui non seulement peut être utile en divers cas mais encore servira de critérium pour les autres moteurs.

Renseignements divers.

Effort maximum de l'homme en tirant ou poussant horizontalement :
80 kgr.

Charge maximum de l'homme en tirant ou poussant horizontalement : de 150 à 450 kgr.

Fig. 5.

Charge maximum de l'homme en soulevant et poussant horizontalement : 200 à 800 kgr.

Vitesse d'un coureur : Max. 13^m, à la seconde; ord^{re}, 7^m,
— d'un marcheur : 2^m,20 — — 1,80 à 4^m.
— d'un cheval : Max. 15^m; au galop 10^m; au trot 4^m environ; au pas allongé 2^m : au pas 1^m.

Longueur du pas moyen de l'homme 0^m,65.

	EFFORT moyen exercé	VITESSE par seconde	TRAVAIL par seconde	DURÉE DU TRAVAIL journalier	QUANTITÉ DE TRAVAIL journalier
Un homme					
Par l'action du poids de son corps.............	65	0,15	9k,75	8	280,800
En élevant du poids de son corps des poids avec corde et poulie, la corde descendant à vide .	18	0,20	3,6	6	77,760
En élevant des poids soulevés à la main	20	0,17	3,4	6	73,440
— — sur son dos en palier et revenant à vide....................	65	0,04	2,6	6	56,160
En élevant des poids sur une brouette en rampe de 0m,08	60	0,02	1,2	10	43,200
En élevant des terres à la pelle à 1m,60 de haut.	2,7	0,40	1,08	10	38,880
Agissant sur une roue à chevilles au niveau de l'axe..................................	60	0,15	9	8	259,200
Agissant sur une roue à chevilles vers le bas de la roue.................................	12	0,70	8,4	8	241,920
Marchant, poussant ou tirant sans arrêt.......	12	0,60	7,2	8	207,360
Agissant sur une manivelle....................	8	0,75	6	8	172,800
Poussant et tirant alternativement............	6	0,75	4,5	10	162,400
Marchant sans fardeau horizontalement........	65	1,50	97,5	10	3,510,000
Transportant par charrette et revenant à vide..	100	0,50	50	10	1,800,000
— brouette et retour à vide.......	60	0,50	30	10	1,080,000
— sur le dos................	40	0,75	30	7	756,000
— — et retour à vide....	65	0,50	32,5	6	702,000
— — civière et retour à vide....	50	0,33	16,5	10	594,000
Jetant horizontalement à la pelle à 4 mètres....	2,7	0,68	1,8	10	64,800
Animaux.					
Cheval attelé au pas......................	70	0,90	63	10	2,168,000
— — au trot.....................	44	2,20	96,8	4,5	1,518,160
— — à un manège et au pas.....	45	0,90	40,5	8	1,166,400
— — — — trot	30	2	60	4,5	972,000
Bœuf — — — pas......	60	0,60	36	8	1,036,800
Mulet — — — —	30	0,90	27	8	777,600
Ane — — — —	14	0,80	11,2	8	322,560
Cheval attelé au pas et continuellement chargé..	700	1,10	770	10	27,720,000
— au trot continuellement chargé...	350	2,20	770	4,5	12,474,000
— au pas revenant à vide..........	700	0,60	420	10	15,120,000
Cheval chargé sur le dos au pas..............	120	1,10	132	10	4,752,000
— — trot...............	80	2,20	176	7	4,435,000

Charge susceptible d'être portée par l'homme :

Un soldat porte 20 kgr., marche 10 heures et parcourt 50 kilomètres en plan.

Un colporteur porte 44 kgr., marche 10 heures et parcourt 20 kilomètres en plan.

Un colporteur porte 60 kgr., parcourt 11 km. chargé et 11 kilomètres à vide.

Un portefaix porte 85 kgr. à 36 mètres environ 300 fois par jour.

L'effort maximum du cheval entre 300 et 500 kgr.

Un cheval traînant 500 kgr. à 4m,44 parcourt 20 kilomètres.

—	300	—	3m,80	—	24	—
—	560	—	2m,20	—	32	—

Un cheval portant 80 — un cavalier — 40 — en 7 heures.

La force d'une femme est celle d'un adulte de 15 ans et environ les deux tiers de celle de l'homme.

Le moteur animé a une supériorité relative sur le moteur inanimé, c'est qu'il peut produire un effort bien supérieur à son effort moyen, — un coup de collier, comme l'on dit vulgairement — pendant un temps très court, ce que le moteur inanimé ne peut faire que dans des limites excessivement restreintes et ce qui est d'une impossibilité absolue pour certains d'entre eux.

Le maximum de travail produit par un moteur animé est donné lorsqu'il ne développe que le 1/3 ou le 1/5 de son maximum possible à une vitesse de 1/4 à 1/6 et pour l'homme de 1/12 à 1/15 de la vitesse maximum et pendant une durée de 1/2 ou du 1/3 du maximum possible.

II

MOTEURS ATMOSPHÉRIQUES

———

Le moteur atmosphérique est le moulin à vent, qui modernisé est devenu la turbine atmosphérique par suite de son analogie avec les appareils hydrauliques du même nom, tant par la forme des organes que par le mode d'action.

Les appareils atmosphériques utilisent la pression du vent, qu'ils reçoivent sur des parties planes montées sur un axe, ce qui la transforme en un mouvement de rotation.

La pression du vent est donnée par la formule.

$$P = 0,12248 \; V^2$$

dans laquelle V est la vitesse du vent en secondes mesurée en mètres à l'anémomètre, et P la pression en kilogrammes par mètre carré de surface.

Vitesse......	8^m	6	9	12	15	18	21
Pression	$1^{kg},10$	4,40	9,92	17,63	27,54	39,68	54,01
Vitesse......	24	27	80	83	86	45^m.	
Pression	70,55	89,2	110,23	133,86	158,78	250 ^{kg}.	

La vitesse du vent est excessivement variable, elle atteint jusqu'à 45 mètres à la seconde.

On calcule généralement les appareils sur une vitesse moyenne de 7ᵐ à la seconde ; le minimum de vitesse utilisable est 2ᵐ,70.

Puissance. — La puissance produite est exprimée en kilogrammètres par seconde, elle se calcule par la formule :

$$P^t = \frac{1}{2500} S v^2$$

Pour avoir l'utilisation maximum, il faut que le vent frappe perpendiculairement les éléments moteurs. Le vent variant à chaque instant de vitesse et de direction, il faut que chaque moteur puisse.

1° S'orienter de lui-même,

2° Réduire ou augmenter sa surface devant les variations de vitesse de façon à donner un travail constant ; ce qui se fait à l'aide d'un mécanisme auto-régulateur.

La Turbine atmosphérique. — La turbine atmosphérique se compose d'une roue à palettes mobiles montée sur un axe horizontal.

Les palettes peuvent prendre une inclinaison variable sur l'axe.

La turbine se place perpendiculairement au vent à l'aide d'un dispositif automatique, composé d'une palette formant gouvernail.

L'appareil est installé au sommet d'un pilone en

bois ou en fer dont la hauteur peut atteindre jusqu'à 50 mètres.

Fig. 6.

Le mouvement de rotation est transmis par bielle

et manivelle à des tiges verticales actionnant les pompes.

Moulin à éclipse. — Les ailes occupent toute la surface du disque, l'axe qui les porte tourne sur un axe vertical. Un gouvernail sert à l'orientation générale; un petit gouvernail placé dans le plan des ailes et muni d'un contrepoids, sert à faire défiler le plan de ces ailes de 0 à 90 et à les amener dans le lit du vent.

Quand l'intensité diminue, l'abaissement du contrepoids ramène le plan des ailes perpendiculairement à la direction du vent.

Panémones. — Pour simplifier l'orientation on a créé des appareils dits *panémones* dont l'axe de rotation est vertical et dont la roue étant disposée horizontalement obéit à tous les vents.

Ces appareils se font de deux types. Dans le premier type le plan général des ailes se rapproche de la direction du vent avec la vitesse et se place dans le sens même du vent (Moulin à éclipse).

Par le deuxième type, les ailes restent perpendiculaires, mais, étant formées d'ailettes, celles-ci s'inclinent et se placent dans la direction du vent en effectuant un quart de rotation autour de l'axe, soit horizontalement, soit verticalement.

Applications. — Les moteurs atmosphériques sont d'une installation coûteuse et leur travail intermittent ne permet pas de rendre leur application très fréquente; elle n'est économique que là où le vent

souffle constamment, ce qui est assez rare; dans ces
conditions le nombre des outils qu'ils peuvent actionner est très restreint et le seul travail qu'on puisse
leur demander est d'actionner une pompe remplissant
un réservoir; mais si l'on veut obtenir la meilleure
utilisation, on devra dans cette application rejeter les
norias et les pompes centrifuges dont le rendement
varie avec la vitesse et prendre l'écope hollandaise,
les roues chinoises, à tympan, et les pompes élévatoires et foulantes sans aspiration.

On a également projeté d'actionner par ce moyen
des dynamos qui chargeraient des accumulateurs;
mais cette application est quelque peu utopique, car
il faut d'une part donner une grande vitesse à la
dynamo, ce qui ne s'obtiendra pas facilement, et il
faut de plus une grande régularité dans la charge
des accumulateurs, régularité qui ne sera jamais ob-
tenue.

Commercialement ces moteurs donnent de 1 à
3 poucelets, exceptionnellement de 4 à 5.

3.

Prix de revient [1].

DIAMÈTRE de la roue	PUISSANCE en kilogrammètres avec vent de 7ᵐ à la seconde	DÉPENSES EN CENTIMES PAR HEURE					PRIX	
		INTÉRÊTS moteurs et construction à 5 p. 0/0	AMORTISSEMENT et réparation 5 p. 0/0	SURVEILLANCE	HUILE	TOTAL	du cheval-heure en francs	du poncelet heure en francs.
2ᵐ,60	3	1,25	1,25	0,3	0,2	3	0ᶠ75	1 fr.
3	9	1,50	1,50	0,3	0,2	3,5	0,29	0,39
3,65	16	1,30	1,80	0,3	0,2	4	0,29	0,26
4,25	21	3,75	3,75	0,3	0,3	8	0,31	0,39
4,85	31	5,75	5,75	0,3	0,3	1,2	0,29	0,39
5,50	46	6,85	6,85	0,3	0,3	1,4	0,23	0,31
6	59	8,50	8,50	0,3	0,5	1,8	0,22	0,30
7	100	10,25	10,25	0,3	0,5	2,1	0,15	0,20

1. Richard, *la Mécanique à l'Exposition de Chicago.*

III

MOTEURS HYDRAULIQUES

De l'eau comme moteur. — L'eau est la source d'énergie la plus économique, et aussi la plus ancienne, car l'on rencontre en Sicile des roues hydrauliques remontaut au temps des Sarrasins.

Toutes les fois que l'on dispose d'une chute, c'est-à-dire d'une différence de niveau entre deux plans d'eau, on peut obtenir une force motrice.

L'action de l'eau comme moteur peut s'utiliser de trois façons différentes :

1° Par son poids,

2° Par sa force vive ou son énergie cynétique,

3° Par sa pression.

D'où trois sortes de moyens de mise en œuvre de la puissance motrice de l'eau et par suite de récepteurs hydrauliques.

1° Les roues hydrauliques,

2° Les turbines,

3° Les machines à pression ou à colonne d'eau.

Travail fourni par une chute. — L'expression du travail fourni par une chute est toujours le produit du poids de l'eau par sa hauteur, soit :

En chevaux $\dfrac{PH}{75}$

En poncelets $\dfrac{PH}{100}$

Choix d'un appareil moteur. — Le choix d'un appareil moteur dépend de trois conditions :

1° La hauteur de chute,

2° Le rendement de l'appareil,

3° Sa facilité d'installation.

La hauteur de chute est le premier facteur, car chaque appareil a son application entre des limites assez restreintes, dans certains cas : les moyennes chutes, par exemple ; plusieurs appareils peuvent entrer en ligne, il y a alors à introduire comme facteur le rendement de l'appareil de façon à obtenir le maximum de puissance pour le minimum de dépense d'eau et à tenir compte aussi de la plus ou moins facile ou plus ou moins économique installation.

Car, en effet, si la turbine donne un meilleur rendement, elle est souvent moins facile et coûte plus cher à installer qu'une roue.

Roues hydrauliques. — Le principe des roues hydrauliques est de faire agir un poids d'eau à l'extrémité d'un bras de levier monté sur un axe horizontal, lequel axe prend sous cet effort un mouvement de rotation.

En disposant ces points sur une circonférence, l'on obtient une roue hydraulique. La manière de faire arriver l'eau sur la roue, la forme des augets ou des palettes qui la reçoivent n'est pas indifférente; pour donner le meilleur rendement elle est déterminée.

C'est une considération qui est souvent négligée par les constructeurs de roues, braves charpentiers, qui construisent toutes les roues avec une forme quelconque d'augets ou de palettes.

Or, suivant la forme donnée, l'on peut obtenir souvent, pour la même dépense d'eau, moitié plus de travail, considération qui n'est pas à négliger lorsque la quantité d'eau dont l'on dispose est, comme cela arrive souvent, limitée et que le travail que l'on obtient n'est pas suffisant pour ce dont on a besoin.

Fig. 7.

Roues en dessus. — Ces roues reçoivent l'eau à leur sommet; elles sont de deux sortes.

1° L'eau arrive sur la roue à l'aide d'un conduit par une faible nappe de 0,20 à 0,25 avec une vitesse très faible; elle se déverse dans un auget et son poids entraîne la roue; arrivé vers la partie basse, l'auget se déverse et, arrivé sur l'axe vertical (fig. 7), se vide.

2° L'eau tombe d'une certaine hauteur et arrive

avec vitesse sur la roue, elle l'entraîne et se déverse plus tôt que dans la précédente (fig. 8).

L'on voit de suite que le rendement de cette ma-

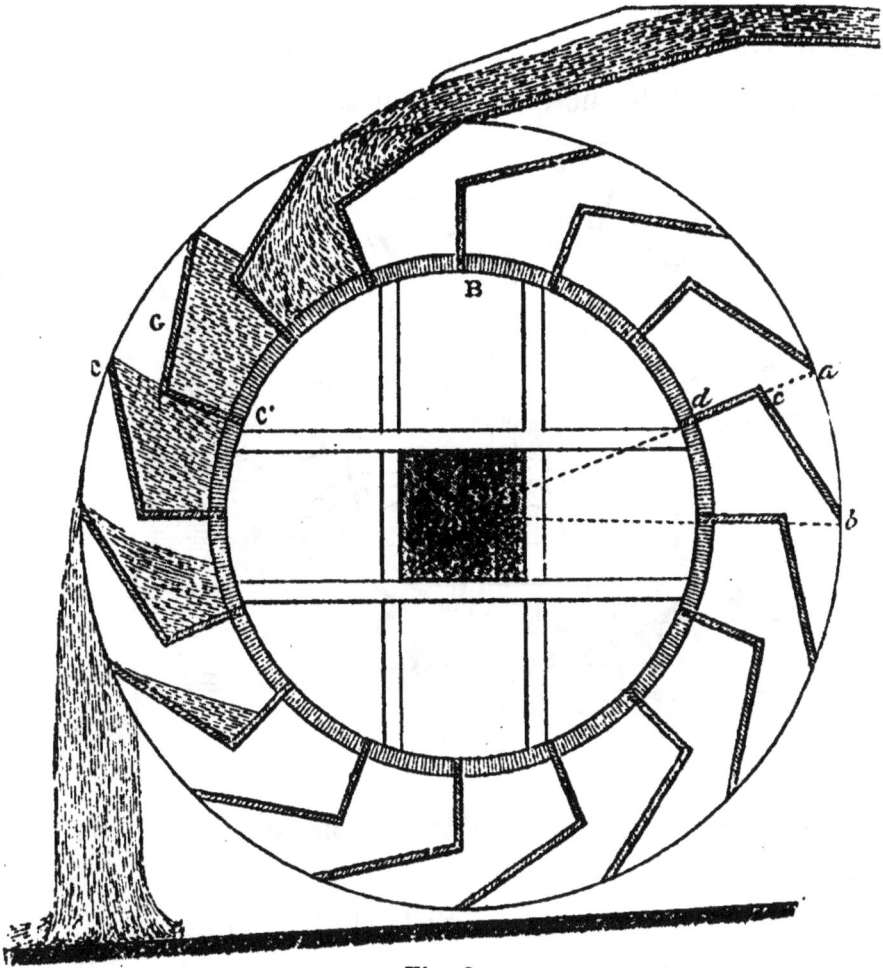

Fig. 8.

chine est inférieur à celui de la précédente, puisqu'il y a choc, et que le poids de l'eau agit moins long-temps sur la roue.

Le rendement d'une roue lente est de 75 à 80

pour 100; celui d'une roue rapide n'est que de 40.

L'emploi de l'une ou de l'autre est imposé par la hauteur de l'étiage et la quantité d'eau à débiter.

Hauteurs. — Ces roues fonctionnent pour des chutes de 3 et 6 mètres. Il n'est pas rare d'en trouver jusqu'à 15 et 20 mètres de diamètre, mais ces appa-

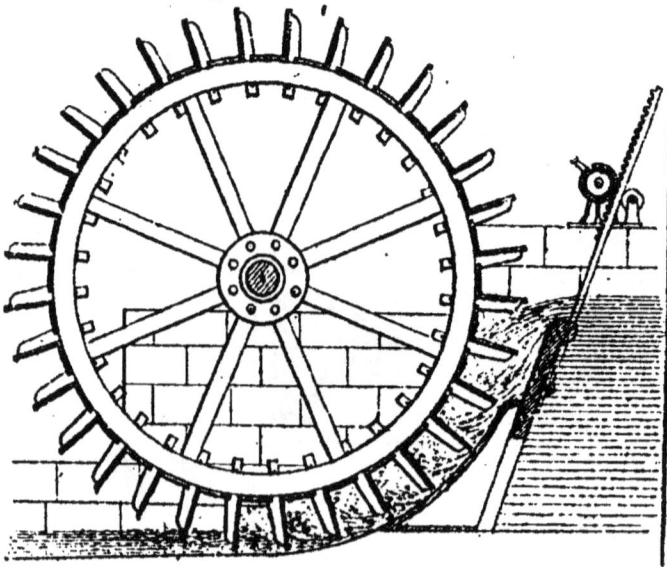

Fig. 9.

reils, outre qu'ils sont coûteux, sont d'un mauvais rendement.

Roues de poitrine. — Si la chute est plus basse, de façon à obtenir le maximum d'action, l'on fait arriver l'eau sur le côté de la roue; l'on a la roue dite de poitrine, son rendement est de 65 à 70 pour 100 (fig. 9).

Hauteur. — Elle s'emploie pour chute de $2^m,50$ à 6 mètres.

Roue à admission intérieure. — On fait arriver l'eau par l'intérieur au niveau de l'axe, c'est le système Millot ; les augets se recouvrent extérieurement et l'on supprime ainsi le coursier (fig. 9 *bis*).

Largeur des roues. — La largeur est une con-

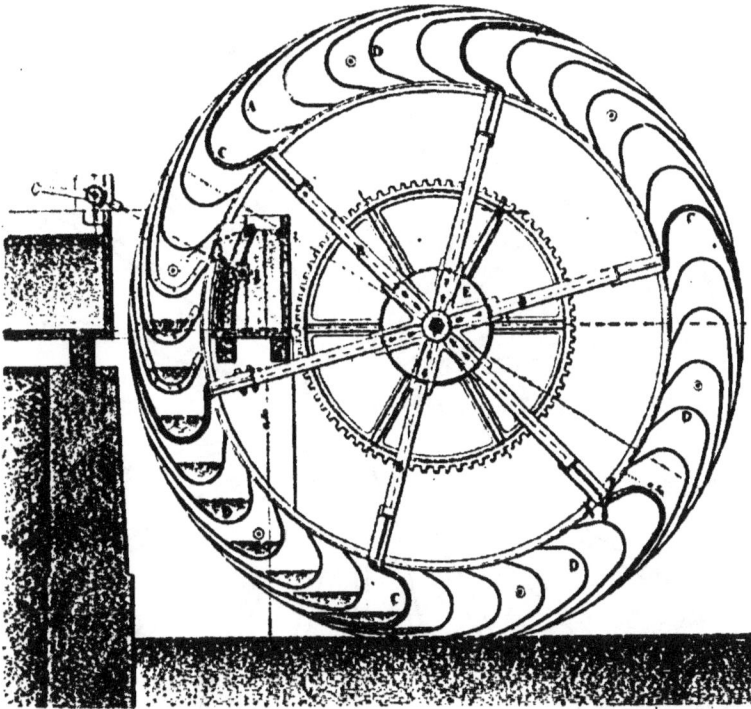

Fig. 9 bis.

séquence du débit, elle peut varier de quelques centimètres jusqu'à 3 et 4 mètres, sauf pour la roue Millot où elle est limitée à 2 mètres.

Elles se font en bois ou en tôle.

Roues de côté. — Dans cette roue, l'eau arrive au-dessous de l'axe et agit par son poids et par sa vitesse, la roue tourne dans un coursier circulaire en maçonnerie et entre deux bas-joyers, en maçonnerie, qui forcent l'eau à rester dans les augets et à entraîner la roue.

L'eau arrive sur la roue par un seuil ou par une

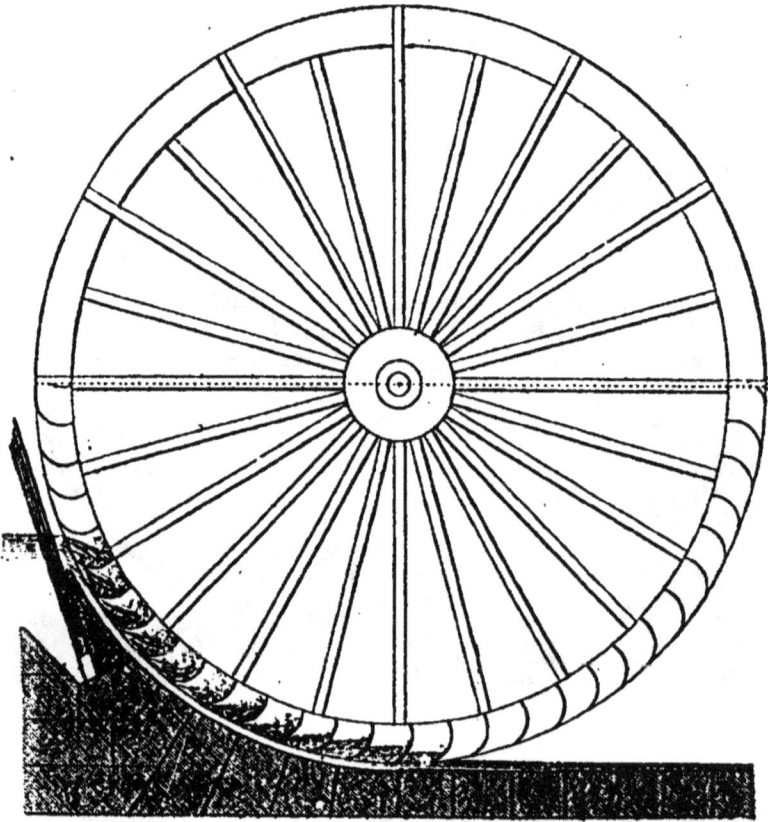

Fig. 10.

vanne ; la vitesse de la roue doit être au maximum de $1^m,30$ à la périphérie pour une roue rapide, pour une roue lente elle est moindre d'un mètre.

Hauteur. — Ces roues s'emploient pour les chutes

de 1 à 3 mètres et leur diamètre varie entre 3^m,50 et 7 mètres.

Roues en dessous à aubes planes. — Les roues à aubes planes ont leurs aubes droites, plongeant dans l'eau et tournant dans un coursier circu-

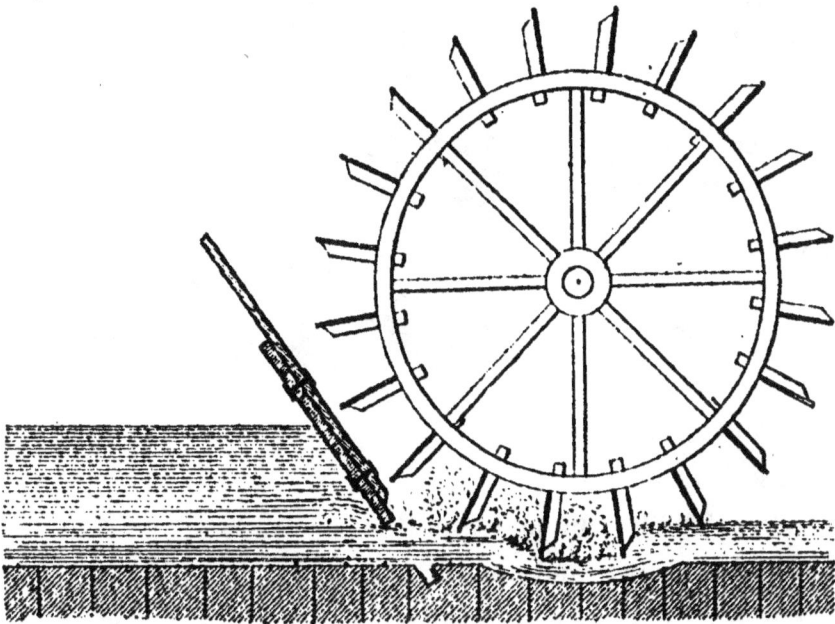

Fig. 11.

laire sous l'action de la vitesse de l'eau. Leur diamètre varie de 6 à 7 mètres, elles s'emploient pour les chutes de moins d'un mètre.

Cette roue est simple, mais elle a un mauvais rendement lequel n'est que de 30 pour cent.

Roue Poncelet. — La roue Poncelet est le perfectionnement de la précédente par la forme des aubes ; l'on utilise d'une façon plus complète la vitesse en faisant entrer l'eau sans choc et en la faisant sortir sans vitesse.

L'on obtient ainsi un rendement de 80 pour 100. La roue convient pour les chutes de 1^m,50 à 3 mètres, son diamètre varie entre 3 et 7 mètres. Les aubes sont en tôle, la roue est assez coûteuse.

Roues rapides. — Aux palettes plates l'on substitue les aubes courbes et l'on a des roues dont la vitesse varie de

Fig. 12.

1^m,70 à 2^m,70, qui peuvent débiter 1.000 litres à la seconde avec un rendement de 50 à 60 pour 100.

La roue Sagebien est une roue de côté recevant l'eau sur une grande épaisseur ; elle est munie d'aubes ayant jusqu'à 2^m,50 de hauteur, elle plonge par suite dans l'eau de 2 mètres à 2^m,50 (fig. 12).

Son diamètre varie entre 7 et 12 mètres ; sa vitesse est faible, 1 mètre ; elle donne un rendement de 85 pour 100 et peut débiter 1 mètre cube par mètre de largeur et par seconde.

Elle exige, vu sa faible vitesse, des transmissions assez compliquées et sa mise en marche est difficile ; elle ne convient pas si le travail est variable, ni si le niveau et le volume d'eau à débiter varient quelque peu.

Roues pendantes. — Ces roues flottent sur l'eau et sont mues par la vitesse du courant; leur diamètre maximum est de 4 à 5 mètres, leur longueur quelconque.

Ces roues ne s'emploient que dans des cas tout spéciaux pour des installations mobiles.

TURBINES [1].

Les turbines sont des récepteurs hydrauliques dans lesquels l'énergie de l'eau agit sur des aubes ou des augets par sa puissance vive.

C'est une roue hydraulique dans laquelle le mouvement relatif de l'eau sur les aubes est indispensable à son action (Bodmer).

Les turbines sont des récepteurs généralement à axes verticaux constitués pour deux anneaux, l'un fixe, l'autre mobile et rattaché à l'arbre et dans lesquels l'eau arrive avec la vitesse qu'elle doit à sa hauteur de chute.

L'anneau fixe est la couronne directrice, appelée ainsi parce qu'elle dirige l'eau sur la seconde, qui est la couronne mobile.

Les formes particulières des augets portent le nom *d'aubes mobiles* ou de *directrices* suivant la couronne à laquelle elles appartiennent.

D'après la disposition relative des couronnes fixes et

1. Voir pour l'étude complète de ce sujet les traités de Bodmer et de Vigreux.

mobiles, par suite selon la façon dont l'eau agit dans la turbine, on divise ces appareils en deux classes.

1° Les turbines à réaction, dans lesquelles les aubes fonctionnent remplies d'eau sous pression, c'est-à-dire plongeant dans l'eau d'aval ou noyées ;

2° Les turbines à impulsion, où l'eau s'écoule librement à l'air, ou à libre déviation.

Ces deux classes se divisent, suivant leur mode de construction, en trois types.

1° En radiales : turbines centrifuges et centripètes où l'eau agit suivant les rayons (Fourneyron) ;

2° En axiales ou parallèles, où l'eau agit parallèlement à l'axe (Fontaine) ;

3° En mixtes, où l'eau agit à la fois des deux façons précédentes (Américaines).

PREMIÈRE CLASSE. — TURBINE FOURNEYRON.

Premier type. — Turbine radiale à arrivée d'eau intérieure.

Dans l'axe de la turbine se trouve la couronne directrice formée d'aubes courbes partant du centre et dirigeant l'eau vers la périphérie ; autour se trouve la couronne mobile fixée sur l'arbre, elle est à aubes courbes dirigées en sens contraire des premières.

L'eau pénètre au centre ; la turbine se pose les couronnes au-dessus du niveau de l'eau, mais elle fonctionne avec un meilleur rendement noyée, c'est-à-dire les couronnes dans l'eau. Un cylindre plein s'in-

terpose entre les couronnes pour fermer les orifices
et arrêter la turbine.

Elle fonctionne sous toute chute et se prête à la
variation de niveau ; elle donne en pleine marche de
70 à 80 pour 100 de rendement, mais ne se prête

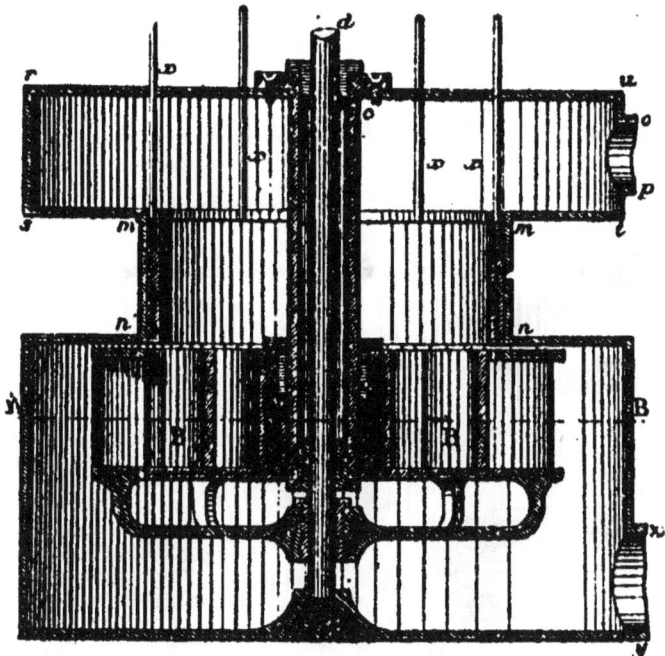

Fig. 13.

pas à la variation de débit ; en marche partielle son
rendement tombe de 35 à 50.

Premier type. — Turbine radiale à arrivée d'eau extérieure.

Cette turbine est la turbine désignée jadis sous le
nom de turbine centripète ; elle est la même que la

précédente, mais sa disposition est inverse puisque l'eau entre par l'extérieur et sort vers le centre.

Ce système est plus compliqué que le précédent et par suite s'emploie peu, mais il a donné naissance aux turbines mixtes.

Deuxième type. — Turbine axiale.

Turbine de Jonval. — Dans cette turbine les

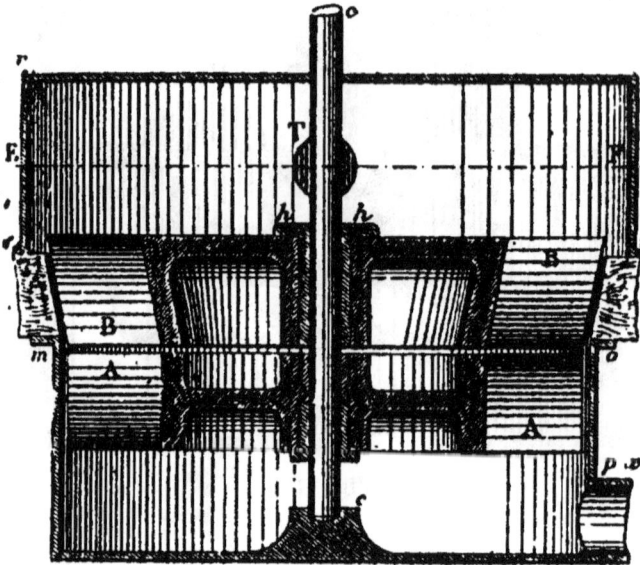

Fig. 14.

couronnes fixes et mobiles sont superposées et ont leurs aubes courbes disposées de façon à diriger l'eau parallèlement à l'axe.

Cette turbine se place légèrement noyée ou dans un tube entre les deux niveaux d'amont et d'aval.

Rendement de 0.33; se réduit très vite pour une diminution de débit; aussi cette turbine ne convient-elle pas pour les débits variables.

Troisième type. — Turbine mixte.

Turbine Vortex et Francis. — Dans cette turbine l'eau qui a parcouru, en suivant les rayons, les deux couronnes directrice et mobile, passe ensuite par un coude qui l'amène à sortir parallèlement à l'axe.

Turbines américaines. — Les précédentes turbines sont actuellement quelque peu délaissées pour un type inventé en Amérique et connu par suite sous le nom de turbines américaines.

Ces turbines se composent d'une couronne directrice fixe, formée d'aubes courbes, parallèles à l'axe, au centre de laquelle tourne une couronne mobile portée par l'axe; cette couronne est formée par des augets d'une forme toute spéciale qui à la périphérie ont leur courbure parallèle à l'axe de la turbine et dont la forme courbe particulière arrive vers le centre à être presque perpendiculaire à ce même axe. L'eau arrive dès qu'elle quitte l'aube mobile dans une chambre formée par un cylindre fixe placé en prolongement du cylindre extérieur des aubes directrices.

Ce cylindre plonge en partie dans l'eau d'aval. La couronne mobile est montée soit sur un arbre avec pivot au fond de l'eau, soit, ce qui est préférable, sur

Fig. 15.

un arbre creux à pivot Fontaine, porté par un arbre
fixe et placé à la
partie supérieure
de la turbine et
par conséquent
hors de l'eau et
visible. Le van-
nage s'opère par
un cylindre plein
qui descend soit
intérieurement,
soit extérieure-
ment à la cou-
ronne fixe (Tur-
bine dite nor-
male).

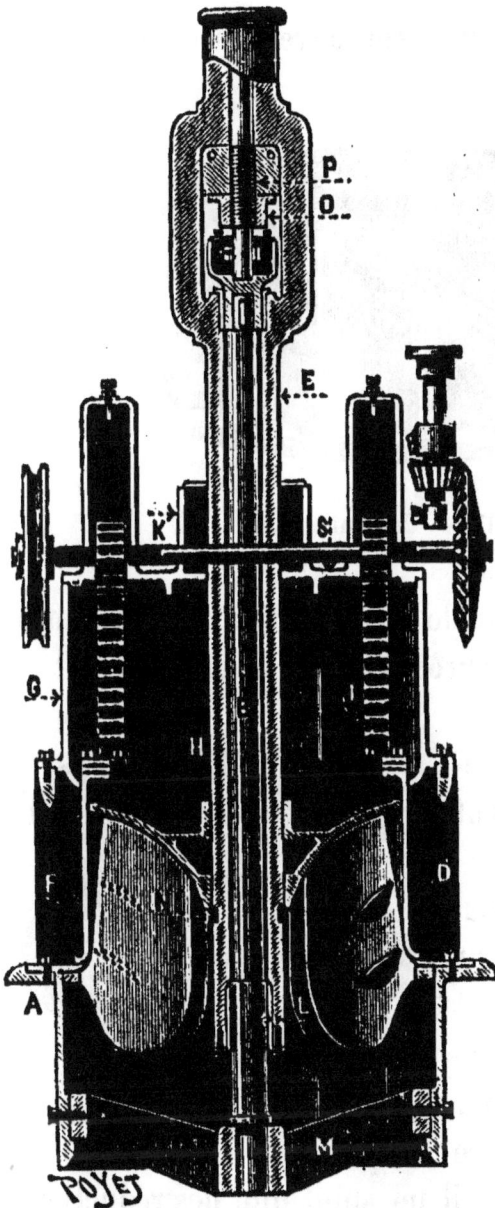

Les aubes
fixes ou mobiles
portent générale-
ment des ner-
vures perpendi-
culaires à leur
surface lesquel-
les dirigent l'eau.

Emploi. —
Cette turbine se
construit pour
des chutes va-
riant entre 0,80

Fig. 16. — Coupe d'une turbine américaine.

et 12 mètres et des débits de 60 litres à 1.063 chevaux.

Elle est très employée ; son développement est dû

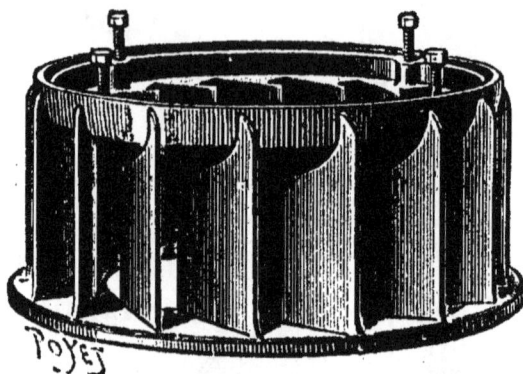

Fig. 17. — Couronne fixe.

à ce qu'elle est simple de pose, qu'elle a des organes peu volumineux, et se prête aux variations de débit et de niveau sans perte appréciable et peut fonctionner complètement immergée.

Rendement. — Son rendement est supérieur au rendement courant des autres types et atteint de 85 à 87 pour 100 ; par la fermeture

Fig. 18. — Couronne mobile.

partielle du vannage, il ne subit que des réductions de 5 à 7 pour 100 et dans certains cas 2/3 à 15 pour 100.

Pose. — Cette turbine se pose sur un plancher en fer ou en bois dans une chambre d'eau carrée fermée à l'avant par un barrage fixe.

On la place également dans une bâche ou tôle qui lui amène l'eau par un conduit.

Elle peut fonctionner placée horizontalement.

Fig. 10.

DEUXIÈME CLASSE. — TURBINES A IMPULSION.

Turbines à impulsion. — Dans ces turbines, l'eau sort librement, les augets tournant au-dessus du niveau d'aval; il s'ensuit que l'on peut faire fonctionner toutes les turbines décrites précédemment comme turbines à impulsion ou à libre déviation par le seul changement de leur position par rapport au niveau d'aval.

Ce mode de fonctionnement donne un rendement un peu moins élevé que par réaction, mais il se prête mieux aux variations de débit.

Premier type. — Turbine radiale.

L'eau arrive soit à l'extérieur (turbine de Zup-

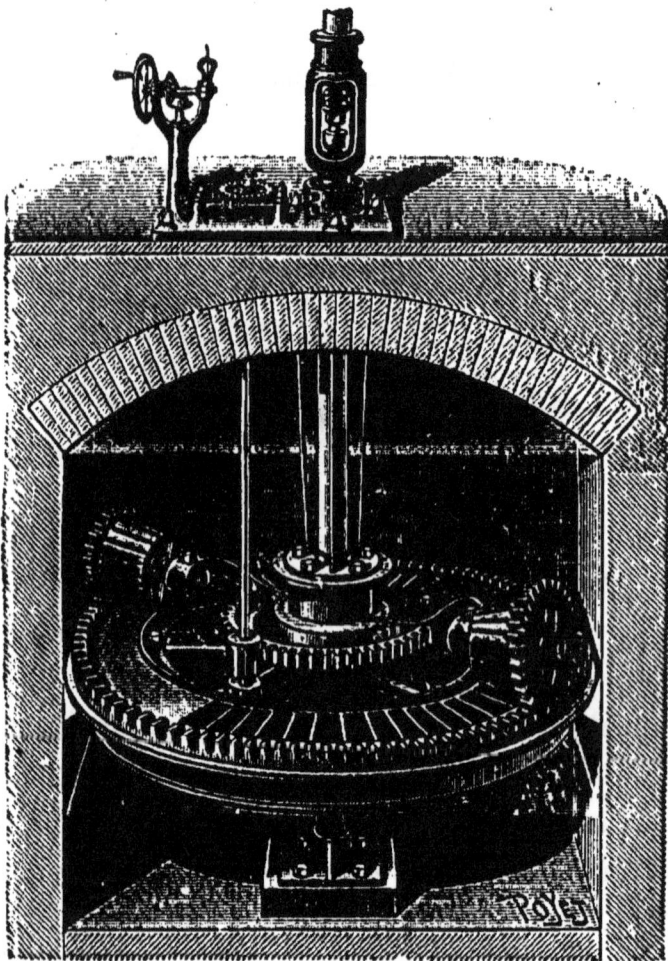

Fig. 19 bis.

pinger, pour faible débit et haute chute), soit à l'intérieur comme dans la turbine de Girard. Celle-ci
se construit avec axe horizontal.

4.

Ces types ne sont que très peu employés actuellement.

Deuxième type. — Turbine axiale.

Turbine Fontaine. — La turbine Fontaine est la turbine à impulsion la plus employée, elle est

Fig. 20.

formée de deux couronnes superposées; celle supérieure fixe est cylindrique et divisée par des aubes courbes perpendiculaires à l'axe; celle mobile est de forme évasée et munie d'aubes disposées en sens inverse des premières.

Le vannage s'opère généralement par deux cônes développant par leur mouvement de rotation une

partie pleine, qui vient s'appliquer sur les ouvertures
supérieures de la couronne fixe (fig. 10 *bis*).

Rendement. — Cette turbine donne 70 pour 100
en pleine charge, mais le rendement descend très
vite si le débit varie ; elle ne convient donc pas aux
débits variables.

Elle peut être noyée, elle fonctionne alors comme

Fig. 21.

turbine à réaction, mais son rendement diminue rapidement avec son débit. Elle a l'inconvénient de né-
cessiter une chambre d'eau beaucoup plus considérable
que la turbine américaine, de plus elle est plus délicate et plus compliquée que cette dernière.

Turbines axiales pour hautes chutes. —
Les roues turbines ou roues Pelton sont des turbines
à impulsion, à axe horizontal, portant à la circonférence des aubes ou des augets sur lesquels vient frapper l'eau envoyée par un éjecteur.

Ces roues peuvent donner 1/40 de cheval à 2.000 chevaux avec un rendement de 30 à 35 pour cent. Elles s'emploient à partir de 12 mètres de hauteur de chute ; leur diamètre maximum est de 4ᵐ 50, elles peuvent fonctionner sous plus de 640 mètres de chute.

Fig. 22.

Fig. 23.

Turbine Chicago's Top. — Signalons ici, à titre de moteurs domestiques les petites roues-turbines Pelton qui permettent l'emploi de l'eau sans pression des villes ou l'utilisation de chutes de faible débit de 5 — 10 — 15 — 20 — 25 et 30, 40 mètres et peuvent donner 1/500, 1/200, 1/350, 1/120, 1/60 et 1/45, 1/80, 1/40, 1/12 cheval qui trouvent d'utiles applications, tours de précision, laboratoire, etc.

La New-Demon-Water Motor. — Sa puissance va de 1/10 à 4 chevaux et peut actionner de petites machines, tours, dynamos ; c'est une turbine analogue à la précédente.

APPAREILS ACCESSOIRES.

Régulateur. — Tous les récepteurs hydrauliques sont munis d'une vanne d'arrêt, dont l'ouverture sert à les mettre en marche ; lorsque le travail à fournir est variable, on munit le vannage d'un régulateur du type

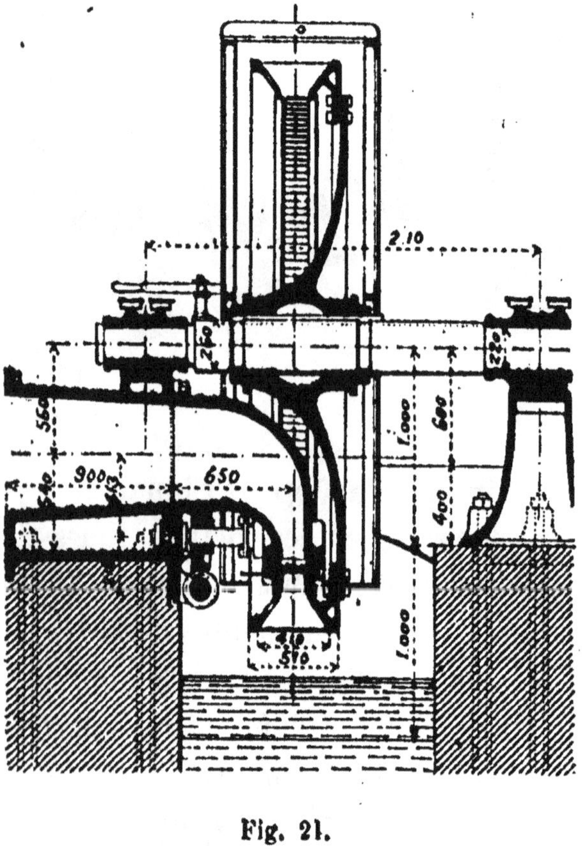

Fig. 21.

de Watt qui agit sur la vanne d'arrêt en l'ouvrant ou en la fermant.

Ce dispositif n'est pas nécessaire en cas de travail régulier.

Indicateur de vitesse. — Le régulateur de Watt
est employé comme indicateur de vitesse et fait réson-
ner un timbre si la vitesse s'élève ou s'abaisse au delà

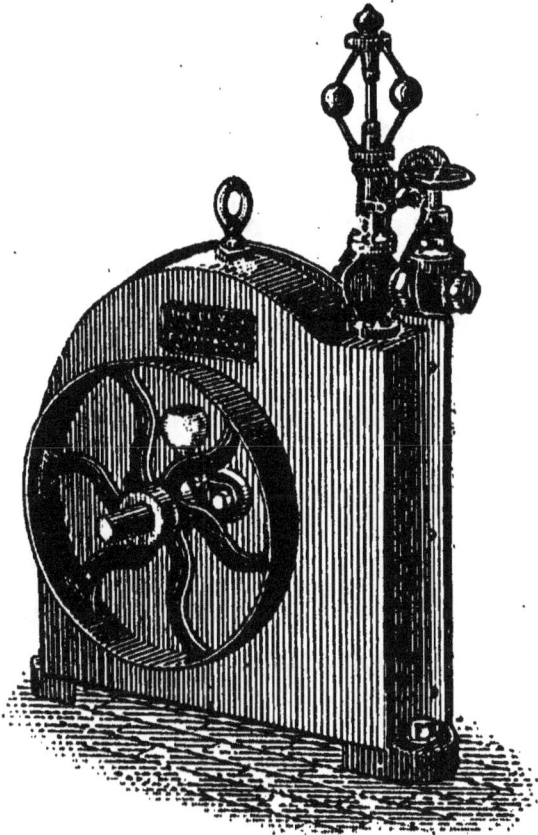

Fig. 25.

d'une certaine limite; on règle alors la vanne à la
main.

Roues et turbines. — Le choix entre une roue
et une turbine est un problème assez complexe entre
0,50 et 8 mètres où ces deux genres de récepteurs peuvent convenir.

Il faut non seulement tenir compte du rendement de l'appareil, mais encore étudier ce rendement dans les différentes hauteurs que peut prendre la chute, ainsi que sous les divers débits.

Puis ensuite tenir compte de la vitesse du moteur et de celle nécessaire, de la facilité et du prix d'installation et des avantages que présente l'un des récepteurs par rapport à l'autre.

La turbine a pour avantage de fonctionner pendant les crues et pendant l'hiver ; ses dimensions sont moindres, elle est moins encombrante, plus légère, moins coûteuse dès que la roue atteint une puissance de 4 à 5 chevaux, en outre elle est plus solide et par suite plus durable.

Par contre, la roue s'obstrue moins facilement, sa réparation est facile, elle tourne plus lentement et la chambre d'eau et le canal de fuite à établir sont souvent moins considérables, et par suite moins coûteux.

Limites entre lesquelles s'emploient les divers récepteurs hydrauliques.

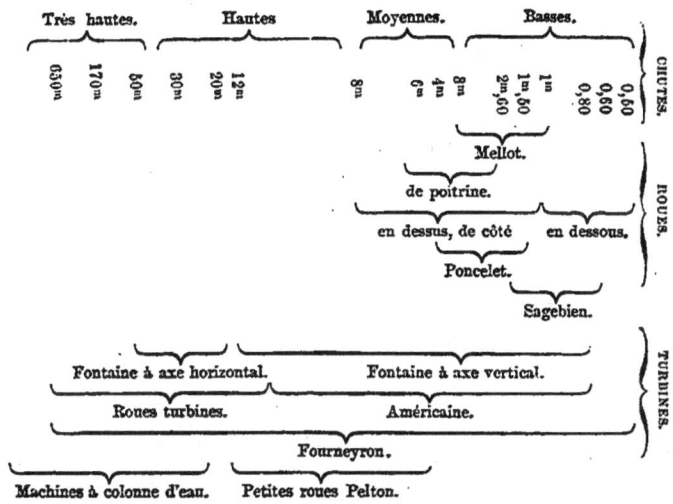

CHUTES.	ROUES.	TURBINES.
Très hautes. { 630^m, 170^m, 50^m }		
Hautes. { 30^m, 12^m, 20^m }		Fontaine à axe horizontal. — Fontaine à axe vertical.
Moyennes. { 8^m }		Roues turbines. — Américaine.
Basses. { 8^m, 4^m, 6^m — Mellot. — de poitrine.	en dessus, de côté / en dessous — Poncelet.	Fourneyron.
1^m, $1^m,50$, $2^m,60$	Sagebien.	Machines à colonne d'eau. — Petites roues Pelton.
$0,60$, $0,60$, $0,80$		

Prix de revient du Poncelet-heure. — Il est impossible d'évaluer ce prix, car il dépend de chaque cas particulier — vu que les seuls frais à comper sont l'intérêt et l'amortissement du capital engagé lequel est excessivement variable. En effet, avec une haute chute, il faut une petite turbine de quelques cents francs pour produire un grand nombre de poncelets, tandis que, dans le cas d'une basse chute, il faut, pour un nombre de poncelets moindre, une forte turbine coûtant plusieurs mille francs et ayant une installation aussi très coûteuse alors que la première ne demandait que peu de chose.

La surveillance est nulle et le graissage est très peu élevé. Les moteurs hydrauliques, roues ou turbines, sont les moins coûteux, comme prix de revient journalier du poncelet, mais ils coûtent quelquefois plus cher d'installation que le moteur à vapeur.

MACHINES A COLONNE D'EAU.

Dans les récepteurs précédents l'eau agissait par sa puissance vive; dans les machines dites à colonne d'eau, elle agit par sa pression hydrostatique, c'est-à-dire par son poids.

Ces machines se divisent en deux classes :

1° Machines à mouvement rectiligne;

2° Machines à mouvement de rotation.

I. MACHINES A MOUVEMENT RECTILIGNE. — Ces machines sont constituées par un piston se déplaçant dans un cylindre, d'un mouvement alternatif, qui se transmet à une pompe dont le piston est placé sur la même tige que le piston moteur.

La pression motrice agit alternativement sur les deux faces du piston par une distribution mise en œuvre elle aussi par la pression.

Ces machines ne sont applicables qu'aux très hautes chutes et servent à élever l'eau, soit dans les mines, soit dans des distributions d'eau.

Applications de ces machines. — Nous ne ferons pas la description de ces machines, description qui sortirait de notre but et que l'on trouvera dans tous les traités d'hydraulique.

	CHUTE.	REFOU-LEMENT d'eau.	FORCE.	TRAVAIL utile.	RENDE-MENT.
Machine de Junker..	60ᵐ.	à 230ᵐ	140 ch.	92	0,65
Machine de Brown..		53ᵐ			0,71
Machine à double effet de Pfetsch....	174ᵐ.	87ᵐ	903	5.8	0,64
Pompes à colonne d'eau Davey......	Eau comprimée à 42 atm.	93ᵐ	229	124	0,54

Les pompes dites à vapeur, à action directe, peuvent également fonctionner sous une pression d'eau.

II. MACHINES ROTATIVES. — Ces machines communiquent un mouvement de rotation à un arbre, par suite leur emploi peut être plus général que celui des précédentes, de plus, elles ne nécessitent pas pour fonctionner d'aussi hautes chutes.

Machine d'Armstrong. — Cette machine est formée de 3 cylindres oscillants autour d'axes placés en leur milieu, et renfermant chacun un piston relié à un axe coudé; chaque piston reçoit l'eau motrice par une distribution automatique, placée fixe sur le bâtis (fig.25).

Le mouvement d'avance du piston, par suite de l'oscillation du cylindre, se transforme en mouvement de rotation.

La machine est munie d'un volant.

Machine Schmid. — Le cylindre oscille autour d'un axe; dans une partie demi - circulaire par laquelle lui arrive l'eau, son mouvement

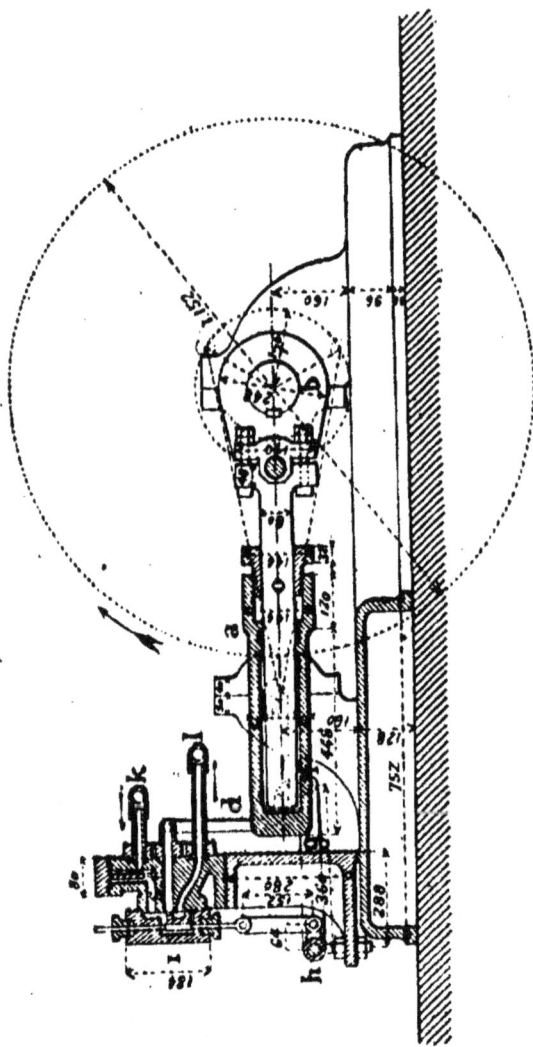

Fig. 25.

opère lui-même la distribution; un volant et un réservoir d'air sont joints à la machine; le rendement est de 85 à 90 pour cent (fig. 26).

Machine Brotherood. — Cette machine est for-

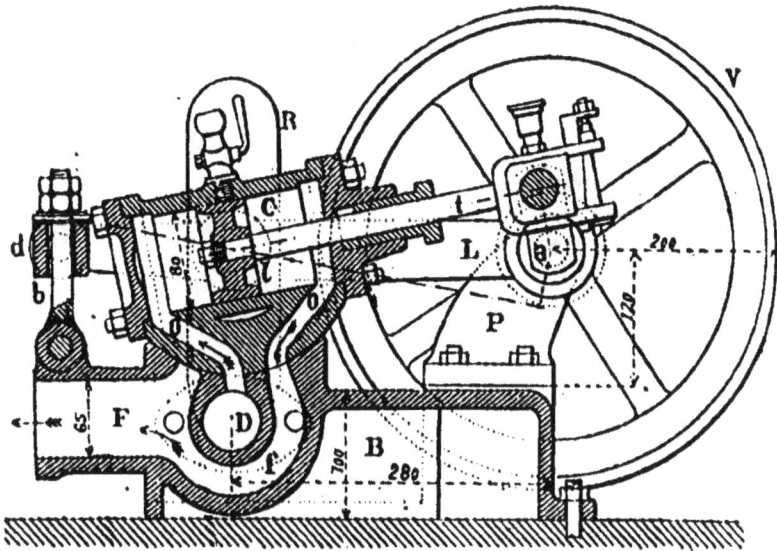

Fig. 26.

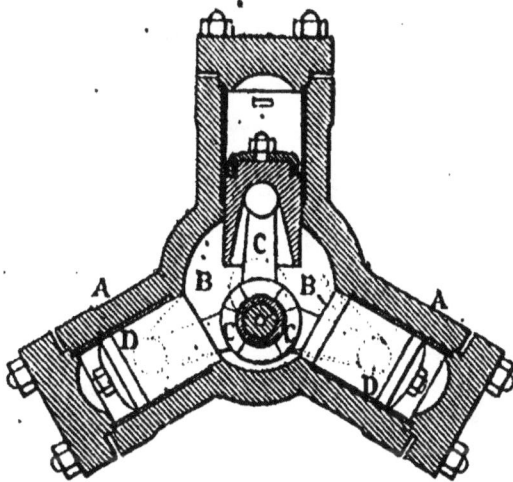

Fig. 27.

mée de trois cylindres placés à 180° et munis de pistons dont la tige forme bielle et vient s'assembler sur un axe horizontal (fig. 27).

Un tiroir circulaire animé d'un mouvement de rotation distribue alternativement l'eau à chacun des cylindres et ouvre en même temps l'échappement.

Ces machines sont des moteurs domestiques employés surtout pour recevoir l'action de l'eau dans les distributions de force motrice par l'eau sous pression ; elles servent dans les ports, les docks, les usines.

IV

MOTEURS A GAZ, PÉTROLE, GAZ PAUVRE, ETC.

I

MOTEURS A GAZ.

Le moteur à gaz en général. — La dénomination de moteur à gaz s'applique à tous les moteurs qui utilisent pour leur fonctionnement la puissance d'expansion produite par l'inflammation d'un mélange de gaz quelconque et d'air, à l'intérieur d'un cylindre dans lequel se meut un piston.

Les gaz employés sont :

1º Le gaz d'éclairage ou gaz Lebon [1]; ce qui donne le *moteur à gaz*.

2º Le gaz de vapeur d'essence minérale ou gazoline; ce qui donne le moteur à gazoline.

---

1. Ce nom n'est pas répandu, nous le mettons néanmoins et espérons qu'il sera plus employé dans l'avenir; car, si l'on désigne certains gaz produits par le nom de l'inventeur de l'appareil producteur, lequel n'a en réalité rien inventé en fait de gaz, l'on doit agir de même vis-à-vis du « père » de tous les gaz.

3° Le gaz produit par la vapeur de pétrole; d'où le moteur à pétrole.

4° Le gaz à l'eau ou gaz pauvre; ce qui donne le moteur à gaz pauvre.

5° Le gaz acétylène; d'où le moteur à acétylène.

6° L'alcool vaporisé qui actionne le moteur à alcool.

Nous étudierons chacune de ces catégories séparément.

Fonctionnement général d'un moteur à gaz. — Faisons arriver un gaz combustible derrière un piston pouvant se mouvoir dans un cylindre, et ajoutons à ce gaz la quantité d'air suffisante pour qu'il puisse brûler, puis allumons-le; le mélange gazeux produira une explosion plus ou moins rapide et brûlera en produisant de la chaleur; sous cette influence la dilatation des gaz contenus à l'intérieur du cylindre poussera en avant le piston.

C'est le premier temps du fonctionnement. Si nous désignons le travail par T, la surface du piston par s et sa course par l, la pression moyenne exercée sur le piston durant l'effort par p, le travail total produit sera :

$$T = p\,s\,l.$$

Le mouvement devant être continu, il faut que le piston revienne à son point de départ; ce qui s'obtient en refroidissant le gaz moteur à l'aide d'un réfrigérant.

En pratique, l'action du réfrigérant ne serait pas

suffisante, ni assez rapide ; on y supplée en utilisant
l'effort du volant pour ramener le piston en arrière
et expulser les. gaz produits par la combustion.

L'on voit de suite la différence d'action d'un moteur à gaz et d'une machine à vapeur ; dans le moteur
l'effort a toujours lieu sur la même face du piston,
dans la machine à vapeur l'effort agit alternativement sur chaque face et l'action du réfrigérant est
beaucoup plus efficace, car son but est de réduire au
minimum la pression de la vapeur qui vient d'être
utilisée ou contre-pression, tandis que dans le moteur elle sert surtout à éviter une trop grande élévation
de la température du cylindre, laquelle ne permettrait
plus sa lubrification et par suite son fonctionnement,
car dans ce cas le piston adhère au cylindre, on dit
qu'il « *grippe* ».

Nous avons, dans le cas précédent, le moteur à gaz
dit à deux temps, dans lequel un seul temps est moteur ; si nous laissons le volant agir en vertu de la
puissance qu'il a acquise lors du premier effort moteur,
il entraînera en avant le piston, et si le cylindre est
mis en communication avec un réservoir de gaz, par
ce mouvement le piston aspirera ce gaz dans le réservoir et en remplira de la sorte le cylindre ; laissons
encore agir le volant dans l'autre partie du demi-tour
durant laquelle il ramènera en arrière le piston et par
suite comprimera le gaz qui se trouve dans le cylindre
et qui a été aspiré par le premier demi-tour.

Nous avons deux temps nouveaux ajoutés, car si

nous allumons ce gaz comprimé, nous retombons dans les deux premiers temps décrits et nous avons un moteur qui fonctionne à quatre temps.

Premier temps, aspiration, première marche avant du piston.

Deuxième temps, compression, première marche arrière du piston.

Troisième temps, explosion, deuxième marche avant du piston.

Quatrième temps, échappement, deuxième marche arrière du piston.

Nous avons alors un moteur fonctionnant suivant le « cycle de Beau de Rochas », dit cycle de Rochas.

C'est le type couramment employé.

Moteur à six temps. — Si, comme cela existe dans certains moteurs, nous employons deux autres temps supplémentaires pour assurer la complète évacuation des gaz brûlés, en aspirant de l'air dans la course suivant l'expulsion des gaz produits, puis en expulsant cet air, nous aurons le moteur dit à six temps :

1° Aspiration, marche avant du piston ;

2° Compression, marche arrière du piston ;

3° Combustion, marche avant du piston ;

4° Expulsion, marche arrière du piston ;

5° Aspiration d'air, marche avant du piston ;

6° Expulsion d'air, marche arrière du piston.

Donc il n'y a qu'un seul temps moteur pour trois tours de volant.

On voit d'après cela s'accentuer la différence de marche d'un moteur et d'une machine à vapeur; puisque dans cette dernière chaque course reçoit l'effort moteur, tandis que dans le moteur 2, 4 ou 6 courses peuvent se faire sous une seule action de ce même effort, et cette différence s'accentuera encore si l'on remarque que l'action de la vapeur sur le piston est constante et progressive durant toute la période d'admission de la vapeur, tandis que l'effort du gaz est une explosion immédiate et brutale.

Ce sont ces différences essentielles qui font qu'une machine à vapeur et un moteur à gaz ne sont nullement comparables en pratique au point de vue des applications.

Théorie des moteurs à gaz. — Le moteur à gaz est une machine thermique et la transformation de la chaleur en travail s'opère suivant le cycle de Carnot.

Le cycle de Carnot comprend 4 phases :

1° Compression isothérique à la température t;

2° Compression adiabatique à la température t à T;

3° Détente isothérique à la température T;

4° Détente adiabatique à la température T à t.

Prenant le fluide moteur à la température t qui est la température ambiante, on lui fait subir une compression isothermique, c'est-à-dire qu'on le refroidit à mesure que la compression élève la température, de façon à maintenir cette dernière constante.

Puis on continue, et la compression est adiabatique,

car on comprime le gaz sans lui retirer de chaleur. La pression et la température s'élèvent rapidement.

Dans ces deux périodes, il y a production de travail, d'où absorption de travail par le moteur.

Lorsque la température maximum T est atteinte, on laisse le gaz se détendre en lui apportant de la chaleur par sa combustion de façon à maintenir la température T; puis on laisse le gaz se détendre sans

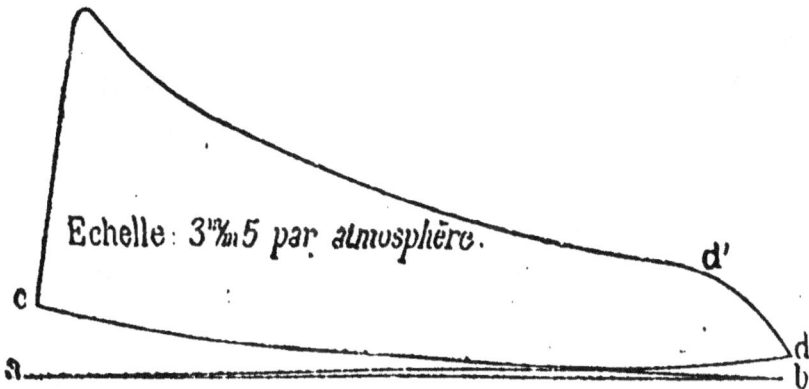

Fig. 28.

lui apporter de chaleur; la pression et la température redeviennent alors ce qu'elles étaient au début. Le cycle est fermé.

Dans ces deux périodes, il y a transformation de la chaleur en travail, d'où production de force motrice.

Diagramme. — Étudions le diagramme d'un moteur à gaz et, soit ab la course en avant, portons cette distance sur l'axe ox; durant cette course en avant, il y a aspiration du mélange gazeux, par suite la pression reste la pression atmosphérique durant toute la course et se représente par *ab*.

Arrivé en *b* le piston revient en arrière et comprime le gaz. La pression augmente donc jusqu'à la fin de la course qui a lieu en *c;* en ce point elle a son maximum et se représente par *bc*.

En *c,* a lieu l'explosion, le volume augmente ainsi que la pression et nous avons un volume et une pression maximum; la courbe verticale *c* représente cet accroissement.

A partir du sommet de la courbe les gaz se détendent, les volumes augmentent et la pression diminue; nous avons la courbe *d' d*.

A partir de *d,* l'échappement s'ouvre, le piston revient en arrière, la pression et les volumes diminuent et donnent la courbe *da*.

La courbe *ab cd d'a* représente la forme du diagramme de tout moteur à quatre temps.

Gaz propres à actionner un moteur à gaz
La force motrice est, comme nous l'avons vu précédemment, produite par la chaleur, il s'ensuit que plus sera élevé le nombre de calories développées par la combustion d'un gaz, meilleur sera ce gaz au point de vue de l'utilisation comme producteur de force, et un gaz qui ne développera pas suffisamment de calories lors de sa combustion pourra être impropre à cette utilisation.

Le gaz le plus employé est le gaz Lebon ou gaz d'éclairage; après lui viennent : les gaz de tourbe, de bois, de Pintsch, de pétrole, d'huile, d'acétylène, des hauts fourneaux.

Gaz Lebon. — Ce gaz est aujourd'hui couramment produit dans toutes les villes pour l'éclairage et seule l'électricité est venue jusqu'à ce jour lui disputer sérieusement la place; un avenir plus ou moins proche lui donnera peut-être un second concurrent, l'acétylène.

Ce gaz est produit par la distillation de la houille et il est par cela même très variable comme composition et par suite comme propriétés.

La houille est formée d'éléments qui diffèrent souvent et donne par suite, lors de sa distillation, un produit variable; mais à cela il faut ajouter que les appareils, leurs conditions de fonctionnement, le degré d'épuration sont autant de facteurs qui viennent influer sur la composition finale de ce gaz, lequel peut différer dans des limites très étendues, comme proportions des différents gaz qui le composent.

C'est en effet un mélange d'hydrogène, d'éthylène, de formène, d'acétylène, de butylène et de propylène, de vapeurs de benzine, de naphtaline, etc., etc., d'oxyde et de sulfure de carbone, d'azote, etc.

M. Witz donne la composition d'un gaz donnant la carcel avec dépense de 105 litres dans un bec Bengel.

ÉLÉMENTS.	POIDS spécifiques.	TENEUR.	
		EN POIDS.	EN VOLUME.
H....................	0,0896	100 gr.	1.116 lit.
CO....................	1,254	150	119,6
AZ.....................	1,256	100	79,6
C^2H^4....................	0,716	490	683,8
C^4H^4 et benzine.........	1,234	130	103,6
Carbures divers	2,5	80	12,0
		1.000	2.115l,1

Le pouvoir calorifique est :

ÉLÉMENTS.	H	CO	C^3H^1	C^4H^4	CARBURES DIVERS
Volume du combustible	1116l.	119,6	684,3	103,6	12
Volume du comburant				310,8	72
(oxygène)	558,	59,8	1368,6		
Chaleur dégagée par gr.					
Chaleur du combustible.	29 cal., 5	2,435	13,34	12,19	8
Chaleur totale dégagée.	2950 cal.	365,25	6536,6	1584,7	240
Produits de la com- (CO_2	1116lll.		1368,6	207,2	48
bustion en volu-					
mes.......... (HO		119,6	684,3	207,2	48

Il faut donc 2.360 lit. d'oxygène pour la combustion de 1 kgr. de ce gaz, ce qui représente 11.300 litres d'air ou 5,4 fois le volume du gaz.

Le nombre total de calories produites est 11.676, soit, par mètre cube de gaz, 5.520 calories à 0° et 760, chiffres théoriques.

En pratique, de nombreuses analyses ont donné à

M. Witz les chiffres de 5.980 — 5.625 — 5.541 —
5.472 — 5.266 — 5.164 — 5.103.

Le gaz de fabrication courante le plus riche produit donc exceptionnellement 6.000 calories, et ordinairement entre 5.000 et 5.500 ; et on peut fixer à
5.250 calories le pouvoir calorifique moyen du gaz
à volume constant et à 5.300 calories celui à pression
constante.

L'air nécessaire pour obtenir la combustion complète lui a été donné par 5,95 volumes d'air.

Un gaz non épuré a un pouvoir calorifique plus
grand que celui du gaz épuré ; M. Witz, trouvant
5.607 calories avant le condenseur, n'en trouve plus
que 5.202 après l'épurateur.

Il y aurait donc intérêt à fabriquer deux gaz :
le premier pur pour l'éclairage, le second impur pour
le moteur ; mais l'on comprendra sans peine les
difficultés qui résulteraient de ce mode d'opérer, relativement à un envoi à domicile, et, d'autre part, le
pouvoir éclairant et le pouvoir calorifique d'un gaz
sont très liés l'un à l'autre par ce fait que les carbures d'hydrogène qui contribuent à la puissance
lumineuse sont aussi ceux qui contribuent le plus à
la puissance calorifique.

L'on peut d'ailleurs augmenter la puissance calorifique d'un gaz ; en le faisant barboter dans de la gazoline de 0,68 bouillant à 57°, on l'enrichit de 77 pour
cent (procédé Witz).

Gaz de tourbe. — En distillant de la tourbe

l'on obtient du gaz, du goudron et un charbon dit charbon de tourbe.

Le gaz est formé par l'hydrogène, l'oxyde de carbone et des carbures divers; 100 kgr. de tourbe donnent 20^{mc} de gaz contenant de 25 à 35 pour cent d'hydrogène, de 5 à 20 d'oxyde de carbone, de 30 à 42 pour cent de carbures.

Gaz provenant de la distillation du bois. — En distillant du bois, de la tannée, de la sciure, des tourbes, M. Riché, ingénieur des Arts et Manufactures, a obtenu à l'aide d'un gazogène de son invention un gaz très riche composé ainsi :

	En volume.	En poids.
CO	29	33,40
H	44,20	4,80
C^2O^1	14,47	10,80
CO^2	21,33	51,00
Az et O	Traces	
Pouvoir calorifique		2,956 calories
Poids du mètre cube		0^k,824

Il reste du charbon de bois comme résidu de la distillation. Ce gaz actionne très économiquement, avec une dépense relativement faible, les moteurs à gaz, ainsi que cela a été constaté dans diverses installations sur des moteurs Charron, le Gnome, ou Crossley.

Il y a actuellement une expérience suffisante pour montrer que cette application a de l'avenir et qu'elle pourra être employée dans des cas très fréquents, d'autant que le gazogène ne demande que très peu de surveillance, de main-d'œuvre et ne présente aucune chance d'accidents.

Gazogène Riché. — Ce gazogène est formé de deux cornues verticales reliées par un conduit transversal et chauffées par un foyer commun.

Le bois placé dans la première cornue distille et le gaz obtenu se rend dans la seconde, laquelle est remplie par le charbon produit par la première et étouffé préalablement dans un appareil spécial placé sous la première cornue ; le gaz traverse ce charbon qui est porté au rouge, puis un barillet où il se lave sommairement et se débarrasse des cendres entraînées.

Gaz de pétrole. — A côté du gaz Penstch on peut placer les gaz produits par la distillation des résidus de purification du pétrole, des schistes bitumineux qui, en nombre de cas, produisent la force motrice à bon marché.

Le gaz naturel de pétrole produit par certains gisements peut également être utilisé avec avantage sur les lieux de production.

Gaz d'huile. — Ce gaz est produit par distillation de produits divers, des résines, des restes d'animaux, des graines de lin, des eaux savonneuses ; il est très peu coûteux et de bon pouvoir calorifique.

Gaz acétylène. — Ce gaz est produit par la réaction du carbure de calcium sur l'eau à la température ordinaire.

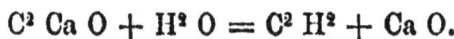

$$C^2\,Ca\,O + H^2\,O = C^2\,H^2 + Ca\,O.$$

Il est devenu récemment applicable industriellement par suite de la production économique du carbure de calcium à l'aide du four électrique de M. Moissan.

C'est un hydrocarbure formé de 92 pour 100 de carbone et de 7,7 d'hydrogène, de densité de 0,92 par rapport à l'air; il pèse 1,169 grammes le litre et se liquéfie à 18° sous 83 atmosphères ou à la pression atmosphérique sous — 82°. L'acétylène brûle en donnant de l'eau et de l'acide carbonique,

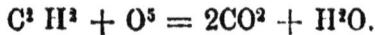

$$C^4 H^2 + O^5 = 2CO^2 + H^2O.$$

et demande au moins 2,8 pour 100 d'air et au maximum 65 pour 100 (Le Châtelier).

Pouvoir calorifique. — Le pouvoir calorifique de l'acétylène est de 14.797 calories, la bombe calorimétrique donne 14.069; celui du gaz Lebon étant de 5.300 calories, son pouvoir est donc 2,5 fois celui de ce dernier.

Applications aux moteurs. — L'acétylène, par suite de son pouvoir calorifique, peut donc être employé aux moteurs, soit :

1° A l'état gazeux, le gaz étant emmagasiné ou produit au fur et à mesure des besoins;

2° A l'état liquide.

Aussi des tentatives sont-elles faites actuellement pour cette application, et M. Ravel, l'un des premiers, a fait des essais d'application aux moteurs et constaté d'abord l'explosion brusque, sèche et violente du gaz qui faisait vibrer la machine d'une façon inquiétante. Il a reconnu aussi que le graissage du cylindre devait être au moins double et que le refroidissement influait sur la marche ; qu'un litre de gaz acétylène a produit dans cette expérience un travail de 860 à 870 kilogrammètres indiqués, alors que le gaz Lebon demandait de 940 à 960 litres pour produire 2 chevaux effectifs, ce qui donnerait pour le cheval-heure effectif une consommation de 453 litres ou 550 grammes d'acétylène. Sa conclusion est :

Que, dans les moteurs actuels, le gaz acétylène, vu sa grande force brisante, s'il est employé à forte dose, donnera peu de travail, ou, si on diminue la dose, la puissance calorifique ne serait plus suffisante pour lui faire produire le travail économiquement. (Congrès du Gaz 1896.)

Cette recherche, d'ailleurs, n'a à l'heure présente qu'un seul intérêt, celui de trouver un combustible de petit volume et de faible poids, car, au point de vue économique, le gaz, valant 6 fois moins, l'emporte de beaucoup malgré son pouvoir calorifique.

Il y a néanmoins là, pour l'avenir, une série nouvelle de recherches qui peuvent conduire à des résultats pratiques, pour les applications aux automobiles.

Gaz des Hauts Fourneaux. — Les gaz qui s'échappent du gueulard des hauts fourneaux ont une puissance calorifique moyenne de 1.000 calories ; il en résulte que chaque tonne de fonte produite donne 2.000.000 de calories ; la production de 500 tonnes de fonte donnerait donc une puissance de 1.650 poncelets.

Cette application fut étudiée à Seraing en Allemagne et en Angleterre sur des moteurs de 9 et 22 poncelets, puis entra en pratique à Seraing avec un moteur Simplex de 112 poncelets, puis à Hærde en Westphalie sur deux moteurs de 225 poncelets, et les résultats obtenus ont été partout très économiques[1].

Historique du moteur à gaz. — Le moteur à gaz agit par explosion, or la première machine agissant de cette façon fut proposée et décrite en 1678 par son auteur, l'abbé Hautefeuille ; nous trouvons ensuite une machine construite par Huyghens, laquelle fut présentée à Colbert (1619-1683), et qui par explosion de poudre produisait un vide dans des tuyaux de cuir, communiquant avec la chambre d'un piston ; par le fait de ce vide, le piston descendait sous l'influence de la pression atmosphérique.

Un siècle après, un Anglais, John Barker, construisit une machine à *air dilaté* par la combustion de gaz carburés, mais il échoua.

En 1794, Robert Street perfectionna cette idée en employant le gaz produit par des matières volatiles, pétrole, ou térébenthine, et dont la combustion doit soulever un piston muni d'une tige, laquelle agira sur une pompe.

---

1. Le tome III du traité de M. Witz donne de nombreux détails sur cette nouvelle application.

Ce fut en 1799. (an VIII) que Philippe Lebon, l'inventeur de la production du gaz à l'aide de la houille, et de l'éclairage au gaz, prit un brevet pour *les nouveaux moyens d'employer les combustibles plus utilement, soit pour la chaleur, soit pour la lumière.*

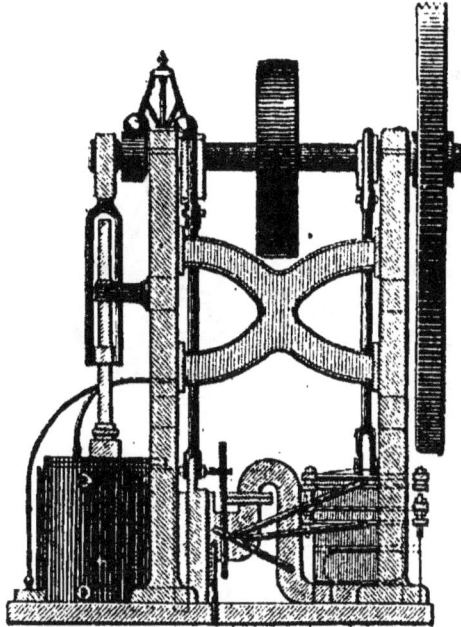

Fig. 29. — Moteur vertical de Hugon.

En 1801, dans une addition à son brevet, il décrit un moteur à gaz avec allumage par l'électricité, avec compression des gaz; c'est le moteur à gaz tel qu'il fonctionne actuellement.

C'est donc Lebon le véritable inventeur de ce genre de moteur; malheureusement sa mort violente, trois ans après, ne lui permit pas de réaliser son idée.

Après sa mort apparurent des moteurs à gaz divers, aucun n'employant le gaz de houille.

A partir de 1823, les perfectionnements apparaissent. C'est Samuel Brown qui crée le brûleur pour l'allumage ; c'est William Wright qui applique le régulateur de Watt à modifier la quantité de gaz amenée derrière le piston.

De 1850 à 1860 il y eut de nombreux brevets de

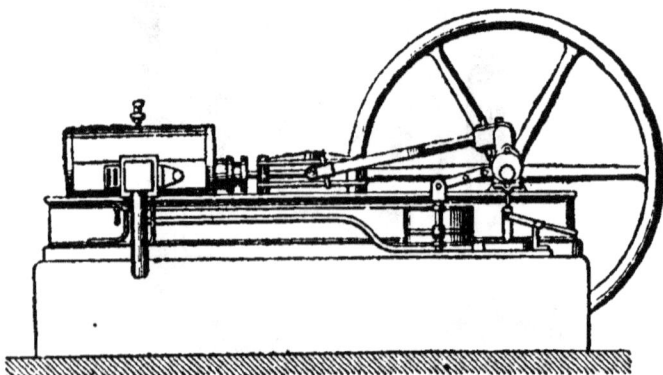

Fig. 30. — Moteur horizontal de Hugon.

pris, entre autres celui d'Hugon, en 1858, qui ne fut construit et réalisé que plus tard, en 1862 (fig. 30).

Ce fut Lenoir qui, en 1860, créa le premier moteur à gaz moderne avec tiroir, inflammateur électrique et refroidissement du cylindre.

Ce moteur marchait très bien, mais sa consommation de gaz était fantastique ; elle atteignait plus de 3.000 litres par cheval et la force produite coûtait trois fois plus cher que par la machine à vapeur.

En 1862 fut construit le moteur de Hugon, qui

ajoutait à l'action du gaz celle de la vapeur d'eau ; son moteur ne dépensait plus que 2.445 litres (fig. 29-30).

Puis vinrent les moteurs anglais de Kinder et Kinsey.

C'est en 1862 que Beau de Rochas décrivit les règles à employer pour construire le moteur à gaz et les moyens d'opérer pour réaliser les conditions imposées.

Les opérations décrites dans ce mémoire furent appelées « le cycle de Beau de Rochas » et c'est l'application de ce cycle qui permit de réaliser le moteur à gaz actuel à quatre temps.

Ce fut en 1867 qu'apparut le moteur Otto, inventé par deux Allemands, Otto et Langen, qui modifia et traça la voie définitive des moteurs à gaz.

Leur premier moteur était vertical ; un piston muni d'une crémaillère était lancé en l'air et retombait sous l'action de la pression atmosphérique et, en retombant, la crémaillère agissait sur un pignon. Ce moteur dépensait 1.320 litres, mais, perfectionné par la suite, il ne dépensait plus que 800 litres et devenait le rival de la vapeur pour les petites forces.

Ce fut en 1873 qu'apparut le premier moteur à pétrole.

En 1872, Gilles, de Cologne modifie le moteur de Deutz et cherche à supprimer le bruit par l'emploi de deux pistons, entre lesquels éclate le mélange.

Le premier piston était moteur et agissait de haut

en bas, le second était libre et agissait de bas en haut ; projeté par l'explosion, il formait un tampon de choc, qui retombait dès que la pression atmosphérique et son poids avaient absorbé la force vive ; un enclanchement le maintenait au haut de sa course pour régler sa marche en concordance avec le premier piston.

Construit par Humboldt de Katz, il fut employé en Angleterre et en Allemagne, mais inconnu en France.

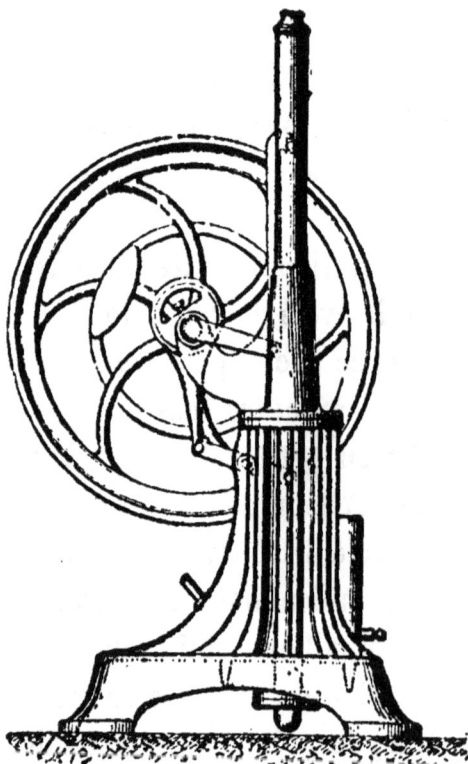

Fig. 30 bis.

Moteur Bis- schop. — Créé en 1876 ; il est d'un type mixte vertical utilisant l'explosion au départ et la force motrice à la descente ; il y a compression du mélange.

C'est le moteur des petites forces de 6 et 25 kilogrammètres, se refroidissant sans l'emploi de l'eau, par l'air circulant dans les nervures que porte le bâtis.

Nous arrivons en 1878, époque à laquelle la maison

6

de Deutz abandonne son premier type pour construire
le moteur connu sous le nom de moteur Otto ; c'est à
la même époque qu'apparurent les moteurs de Simon
et fils de Wottingham (Angleterre) et de Ravel de
Paris.

Moteur Otto. — Ce moteur est la première machine à gaz réellement industrielle, tant par sa marche
que par sa construction et sa forme (fig. 31).

Fig. 31.

Il est le premier à employer le cycle de Beau de
Rochas, ou cycle à quatre temps dans lequel le premier mouvement, marche en avant, produit l'aspiration du gaz ; le second, marche en arrière, produit la
compression du gaz ; le troisième, marche en avant,
est produit par l'explosion du gaz et est moteur ; le
quatrième, en arrière, est produit par l'expulsion des
gaz brûlés ou l'échappement.

Dans ce moteur, apparaît le tiroir, analogue à celui de la machine à vapeur, réglant l'allumage lequel est produit par une flamme.

Avec ce système, la dépense de gaz tombe à 900 litres.

Ce moteur a servi de type à tous ceux qui suivirent, non seulement par l'emploi du cycle, mais encore par sa construction.

Moteur Simon. — Diffère des précédents par sa combustion continue et l'emploi de la vapeur d'eau qui agit concurremment avec la pression produite par l'explosion du gaz.

Le gaz arrive progressivement derrière le piston et détone d'une façon continue, l'échappement chauffe une chaudière qui envoie sur le piston un jet de vapeur.

Dépense de gaz environ 800 litres.

Moteur Ravel. — Moteur vertical à cylindre oscillant dont l'explosion soulève un piston pesant qui fait bras de levier à l'extrémité de sa course, bascule autour d'un tourillon et retombe ensuite; sous cette série de mouvements l'arbre de couche qui fait corps avec le tourillo   e.

Machine éco   que, mais non pratique, qui échoua. Le moteur Otto a donné l'essor aux moteurs et aux constructeurs; à partir de cette époque, les types nouveaux se succèdent rapidement, tant en France qu'à l'étranger, jusqu'en 1889, époque à partir de laquelle le moteur à gaz baisse pour laisser la place au moteur à pétrole.

En 1879, c'est le moteur Dugald-Clark de Londres, à deux cylindres, l'un à explosion et l'autre de compression, de telle sorte qu'à chaque tour correspond une explosion, d'où régularité de puissance et d'allure.

En Allemagne, nous trouvons les moteurs Wittig et Hees, Lieckfeld, Funck, tous à deux pistons, verticaux dans les deux premiers, horizontaux dans le second, et entre lesquels se produit l'explosion.

A l'exposition d'électricité de Paris, les forces des moteurs à gaz exposés variaient entre 6 kilogrammètres et 50 chevaux.

Ce fut un nouveau coup de fouet pour les constructeurs et les brevets se succédèrent avec rapidité; néanmoins, les années suivantes, l'on ne vit pas apparaître de perfectionnements notables.

En 1883, Lenoir crée un nouveau moteur du type Otto, avec admission de gaz réglée par un régulateur à boules, un allumage électrique, et un distributeur à soupapes.

Très bien construit et étudié, sa dépense tombe entre 600 et 800 litres.

Nous voyons apparaître ensuite les moteurs Andrew (Angleterre), Sereine, puis se perfectionner le Lieckfeld qui devient le moteur Kœrting-Lieckfeld en Allemagne ou moteur Kœrting en France, le Dugald-Clark et les petits et peu coûteux moteurs de Benier, Forest, François en France, le Crown, le Parker et l'Économique Motor en Angleterre.

A cette même époque apparut le premier moteur à

6 temps ou moteur Griffin, dans lequel au cycle de Rochas l'on ajoute deux temps pour aspirer l'air et pour expulser les gaz brûlés ; sa régularité est supérieure à celle des autres moteurs anglais, sa consommation est de 784 litres.

Le moteur Benz, connu en France sous le nom de son constructeur, Roger, est remarquable par sa régularité ; chaque impulsion est motrice ; la compression préalable est faite pendant la seconde moitié de la course arrière du piston, période pendant laquelle arrive le mélange gazeux envoyé par une pompe spéciale reliée à la manivelle motrice.

En 1884 paraît le moteur inventé par MM. Ed. Delamare-Debouteville et Malandrin ; ce moteur est, comme cycle et comme grandes lignes, analogue au moteur Otto, mais il en diffère par de nombreux perfectionnements portant sur tous les points de la construction et du fonctionnement, et qui en ont fait l'un des meilleurs moteurs connus.

Sa consommation est inférieure à 600 litres.

Nous voyons ensuite se perfectionner les moteurs précédents et apparaître les premiers moteurs à pétrole.

En 1886, nous trouvons deux moteurs anglais, le moteur Rollason et le moteur Atkinson.

Le premier a une marche à six temps, avec particularité pour l'allumage des gaz ; le second est à quatre temps inégaux, l'admission n'a lieu que pendant une demi-course.

6.

En 1888 eut lieu à Londres un concours de moteurs organisé par la Société des Arts ; le classement fut :

1er Le moteur Atkinson avec dépense de 632 litres ;

2° ex-æquo, Crossley et Griffin.

A cette époque parut un nouveau moteur Ravel avec cycle à 2 temps, consommant 950 litres par cheval-heure.

Nous arrivons à l'Exposition de Paris de 1889 ; et avec elle au commencement de l'apogée des moteurs à gaz ; 53 machines, représentant un total de 1.000 chevaux, étaient en mouvement, les constructeurs annonçaient une vente totale de 110.000 chevaux et présentaient un moteur à deux cylindres du système Otto d'une puissance de 100 chevaux.

Aux moteurs cités plus haut, il faut ajouter les moteurs Charon, Niel et Lalbin, et l'apparition du moteur à gaz pauvre, le Simplex, de 100 chevaux de puissance à un seul cylindre.

Le moteur Charron est à quatre temps avec prolongement de la détente et a une consommation inférieure à 550 litres.

Le moteur Niel a une aspiration des 2/3 de la course et d'ingénieux perfectionnements dans la construction.

Le moteur Lalbin est un moteur à 3 cylindres du type Brotherhood, à quatre temps et excessivement léger.

Depuis cette date, le pétrole a fait délaisser quelque peu le gaz en ce qui concerne les inventeurs et les constructeurs ; l'automobilisme a surtout aidé à ce développement.

Les moteurs à gaz pauvre qui devaient, au dire de certains, révolutionner les moteurs et l'industrie, ont piteusement échoué au début, mais ils semblent reprendre actuellement quelque faveur.

Il est probable que 1900 ne verra pas de grands perfectionnements dans les moteurs, il n'y aura probablement que le nombre de constructeurs qui sera augmenté, et la lutte des prix remplacera la lutte des perfectionnements.

Le tableau suivant montre les améliorations économiques apportées aux moteurs à gaz depuis l'origine.

Tableau des consommations de gaz par cheval et par heure de l'origine à nos jours.

1861	Lenoir.	3166 litres.
1862	Hugon.	2455.
1863	Kender et Kinsey.	2000.
1867	Otto et Langen.	1329.
1877	Bisschop	1100.
1878	Otto.	900 litres.
1878	Simon.	800 litres.
	Ravel, 600 . . + 4 litres d'eau . . .	
1879	Dugald-Clerk.	870 litres.
	Wittig et Hees.	1116 litres.
	Lieckfeld	1556.
1883	Lenoir	600.
	Griffin	784.
1884	Simplex.	560.
1888	Atkinson	632.
1888	Ravel.	950.
1889	Charon	535.
1899	—	466.
	Niel.	441.

Classification. — Les nombreux moteurs à gaz créés jusqu'à ce jour peuvent se ramener à quatre types, si l'on considère la manière de produire le mélange d'air et de gaz et de l'utiliser, laissant de côté toutes dispositions mécaniques.

Ces quatre types sont :

1° Moteurs à explosion sans compression ou à 2 temps.

2° Moteurs à explosion et à compression ou à 4 temps.

3° Moteurs à combustion avec compression.

4° Moteurs atmosphériques et mixtes.

1er type	2e type	3e type	4e type
Aspiration du mélange sous la pression atmosphérique			
	Compression du mélange		
Explosion à volume constant		Combustion à pression constante	Explosion à volume constant en course libre
Détente			
			Refoulement du piston par l'atmosphère en course motrice
Refoulement et échappement des produits de la combustion			

Le tableau précédent montre immédiatement les différences de ces quatre catégories.

Nous voyons en effet que, pour les quatre types, la première opération consiste dans l'aspiration du mélange sous la pression atmosphérique; que, dans les types 2 et 3, la combustion de ce mélange est précédée d'une période de compression.

Puis que le mode d'utilisation du gaz est dans les deux premiers types produit par une explosion sous un volume constant, mais que le troisième et le quatrième diffèrent l'un par une combustion au lieu d'une explosion, l'autre par une explosion en course libre.

Nous avons ensuite pour tous les quatre les deux mêmes périodes, de détente et de refoulement, successives pour les trois premiers, mais séparées par une période motrice pour le quatrième type.

Expliquons ces différences.

Le mélange gazeux est aspiré par la marche en avant du piston pour les quatre types, c'est le premier temps. Ce mélange, nous pouvons l'admettre pendant toute la course en avant du piston ou l'arrêter à un point déterminé de cette course, c'est-à-dire remplir du mélange tout le volume du cylindre produit par le déplacement du piston ou seulement une partie; si nous ne l'admettons que pendant une partie de la course et qu'à ce moment nous produisions l'explosion, le reste de la course du piston aura lieu sous cette influence motrice et sous l'effet de la détente des gaz; nous avons là le moteur du premier type ou à deux temps, dans lequel le second temps est produit par la marche en arrière du piston, laquelle produit le refoulement des gaz brûlés.

Si au contraire l'admission a lieu pendant toute la course en avant, le piston revenant en arrière comprimera le mélange admis ; puis, lorsque le cylindre

Fig. 32. (A).   Fig. 32. (B).

primera le mélange admis ; puis, lorsque le cylindre sera revenu à son point de depart, nous produirons l'explosion, laquelle le chassera en avant, nous aurons les types 2 et 3, ou à quatre temps ainsi répartis :

Premier temps ou première course avant aspiration (fig. 32-A).

Deuxième temps ou première course arrière compression (fig. 32-B).

Troisième temps ou deuxième course avant : explosion (fig. 32-C).

Quatrième temps ou deuxième course arrière : refoulement (fig. 32-D).

L'on voit donc que, dans le moteur à quatre temps,

Fig. 32. (C).   Fig. 32. (D).

nous n'avons, pour deux tours complets de la manivelle représentant 2 courses avant et 2 courses arrière du piston, qu'une seule course motrice et que les 3 autres ont lieu sous l'action du volant.

Les types 2 et 3 diffèrent en ce que le mélange comprimé est pour le type 2 brusquement enflammé et détone, tandis que dans le type 3 ce mélange brûle progressivement sous une pression constante.

Le type 4 diffère énormément des autres quoique

ayant les mêmes périodes; en effet, le gaz admis projette, après l'explosion, le piston en avant, et ce piston est libre et ne fait pas, comme dans les autres moteurs, corps avec une manivelle; c'est la pression atmosphérique qui le ramène en arrière et produit la période motrice, tout en expulsant les gaz, aussi ce moteur est-il appelé *moteur atmosphérique*.

L'on voit que l'explosion n'agit ici que pour déplacer brusquement le piston et produire une dépression derrière lui et que celui-ci revient en arrière non plus par l'action du volant, mais par l'action de son poids et de la pression atmosphérique.

Ce genre de moteur est d'ailleurs aujourd'hui du domaine de l'histoire, c'est le premier moteur créé par Otto et Langen.

Nomenclature
des principaux moteurs connus [1]

1er Type

Lenoir.	Ord.	Baker.
Kinder et Kinsey.	Bénier.	Économe Motor
Hugon.	Parker.	Crown.
Ravel.	Hutchinson.	Laviornery.
Turner.	Forest.	Lentz.

2e Type à 2 temps

Dugald-Clark.	Taylor	Bénier.
Kœrting-Lieckfeld	Trent.	Palatine.
Wittig et Hees.	Fawcett.	Van Œchelhauser.
Andrew.	Campbill.	Parker.
Benz.	Connelly.	Sonthall.
Ravel	Day.	Dufour.
Baldwin.	Ravel.	

1. D'après M. Witz.

2ᵉ Type à 4 temps

Millon.
Otto.
Lenford.
Otto-Crossley.
Reder.
Otto-Schleider.
Maxim.
Martini.
Lenoir.
Simplex.
Warchalowki.
Boulet-Kœrting.
Sombart.
Durand.
Daimler.
Atkinston.
Tenting.
Diederichs.
Adam.
Tangye.
Ragot.
Forest.
Noël.
Charon.
Niel.
Lalbin.
Jeanperrin.

Poussant.
Letombe.
Lacoin.
Acmé.
Hille.
Compagnie Parisienne.
Wertenbruch.
Dougill.
Capitaine.
Levasseur
National.
Durkopp.
Fielding.
Dresdener gas Motor.
Stockport.
Kappel.
Bradfort.
Woodheat.
Lutzky.
Richardson et Norris.
Werdeau.
Berliner Maschinenbau Motor.
Crouan.
Cadiot.
Le Paris.
Forward.

Narjot.
Brouchot.
Pygmée.
Pellorce.
Nicolas.
Roser Mazurier.
Dowson.
Dupley Day.
Champion.
Fritscher et Houdry.
Polke.
Southall.
Demon.
Westinghouse et Rudd.
Rorsig.
Gardner.
Andrew et Bellamy.
Furnival.
Lair Delay.
Hamilton.
Robson.
Midlan.
Kappel.
Phenix.
National.

2ᵉ type à 6 temps

Griffin.

Rollason.

Knight.

3ᵉ Type

Ready Motor.
Hock.
Simon et fils.
Foulis.

Livesay.
Crowe.
Gardie.
Crowe.

Vermand.
Diesel.

4ᵉ Type

Otto Langen.
De Bisschop.
Gilles.

Halleweel
Sombard.
Robson.

François.
Schweizer.
Vermand.

MOTEURS MODERNES.

7

Moteur à gaz. — Tout moteur à gaz se compose d'un cylindre ouvert à une de ses extrémités et dans lequel se meut un piston; le cylindre est supporté par un bâtis, sur lequel se trouvent à l'autre extrémité deux paliers recevant un arbre coudé porteur du volant et qui est relié au piston à l'aide d'une bielle articulée. Le fond du cylindre porte les organes essentiels de tout moteur, la distribution et l'allumage, lesquels sont reliés mécaniquement à l'arbre moteur et fonctionnent d'après son mouvement.

Tous les moteurs sont identiques quant à l'ensemble des organes; le cylindre peut être placé verticalement ou horizontalement, ils ne diffèrent que par les organes de distribution ou d'allumage qui constituent les parties essentielles.

Distribution. — Les organes de distribution ont pour mission d'amener le gaz, de l'allumer et de produire l'échappement des gaz brûlés; il y a donc là une triple fonction à remplir pour cet organe, ce qui n'existe pas dans la machine à vapeur, et il faut ajouter à cela la vitesse rapide de l'opération : 200 tours et plus à la minute, et la haute température à laquelle cet organe est porté. Il y a donc là une série de difficultés que les constructeurs ont résolues en employant soit des tiroirs-glissières, soit des soupapes.

Ces deux modes se valent; cependant, vu la difficulté de graissage des tiroirs-glissières et leur encrassement assez facile, les soupapes ont une certaine

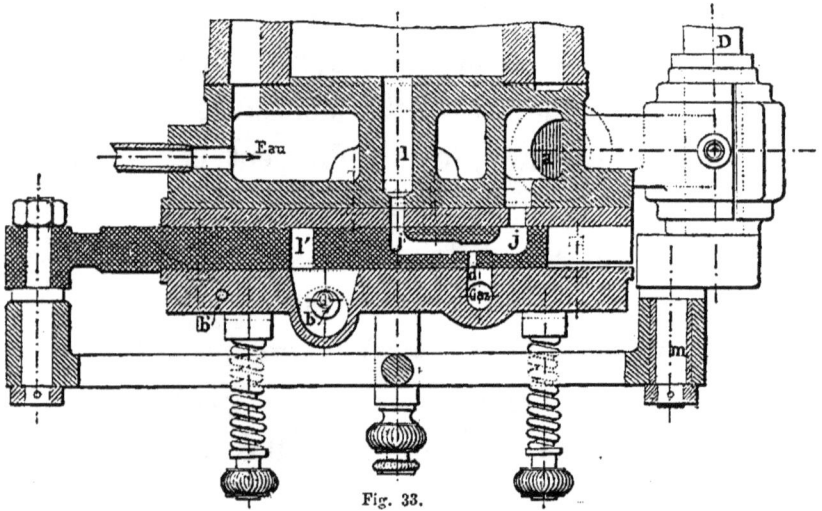

Eau

D

Fig. 33.

supériorité et tendent à être plus employées actuellement.

Tiroir diffuseur Lenoir. — Formé d'une plaque en bronze percée de deux séries de trous ; par les uns arrivent les gaz et par les autres l'air, de façon à distribuer les gaz en filet et à en opérer un mélange intime.

Cette plaque a ses trous bouchés par son mouvement ; et c'est le piston qui appelle l'air et le gaz lorsque les ouvertures font communiquer le cylindre et le gaz.

Tiroir cylindrique. — Le moteur Bisschop emploie un tiroir cylindrique, mais cette disposition a été peu imitée.

Tiroir-glissière. — Ce genre de tiroir a prévalu vu sa simplicité et sa facile réparation ; mais il force généralement à avoir un organe spécial pour produire l'échappement.

Les tiroirs Otto et Langen, Bénier, François, Forest sont formés de simples plaques présentant des cavités, ou des conduits établissant la communication entre le cylindre et l'arrivée de gaz, puis entre le premier et l'allumage.

Distribution Otto. — Une glissière est manœuvrée par une manivelle spéciale qui ne fait qu'un tour sur quatre du volant ; devant celle-ci se trouve une plaque fixe dite plaque de culasse (fig. 33).

La glissière porte un conduit intérieur qui reçoit par un côté l'air et par-dessus le gaz qui passe par un diffuseur formé de petits trous; ce diffuseur produit un mélange parfait des gaz, qui sont aspirés par le piston lorsque les ouvertures de la plaque de glissière et de la culasse se trouvent en concordance.

La glissière dans son mouvement ferme l'air, mais le gaz continue à arriver; le mélange primitivement introduit est pauvre en gaz à l'avant et riche en arrière.

Cette méthode a donné en pratique d'excellents résultats à tous points de vue et a été spécialement brevetée. L'allumage se fait d'une façon spéciale.

Distribution par soupapes. — Les distributeurs à soupapes sont actuellement très employés; les soupapes ne s'encrassent pas, vu qu'on ne les graisse pas; leur manœuvre est facile; elles sont facilement vérifiables.

Les soupapes sont doubles : une d'admission et une d'échappement; elles sont manœuvrées par des leviers dont l'extrémité se meut sous l'action d'un arbre portant une double came et dont la vitesse est moitié de celle de l'arbre moteur.

Les soupapes sont employées dans les moteurs Otto, Kœrting, Sécurité, Charon, Crossley; l'on a cherché dans divers moteurs à rendre les soupapes automatiques par le mouvement même du gaz.

Allumage. — L'allumage des premiers moteurs fut fait par une simple flamme, mais l'emploi de la compression amena des modifications et les efforts des constructeurs se portèrent sur cette partie, car sans

un bon dispositif d'allumage le meilleur moteur ne
vaut rien.

Les dispositifs employés sont :

1° La flamme libre ;

2° L'étincelle électri-
que ;

3° L'incandescence ;

4° La compression.

**Allumage par
flamme libre.** — Ce
système a été employé
dès l'origine et les
premiers moteurs con-
struits ont eu ce mode
d'allumage, dans lequel
la flamme d'un bec spé-
cial maintenu allumé
se trouve par moment
en contact avec le gaz
combustible du cy-
lindre.

Ce contact a été réa-
lisé, soit par l'appel
direct de la flamme
par le vide relatif pro-

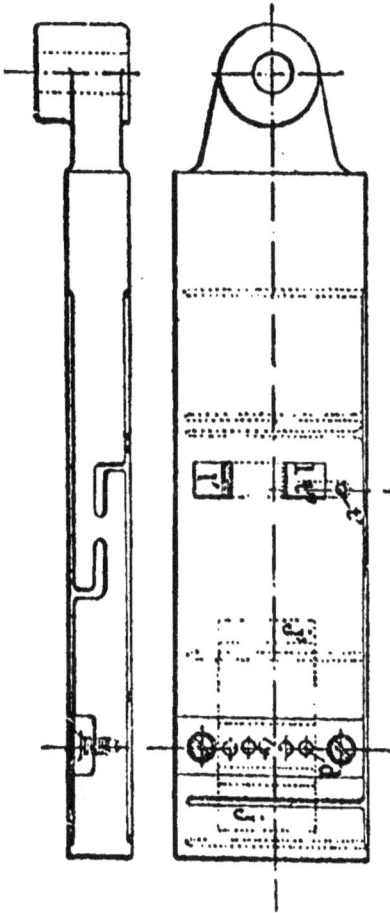

Fig. 84.

duit par le mouvement du piston, lequel appelle le
mélange gazeux et puis suppression de cette flamme
par suite de l'explosion même des gaz ; système employé par Bisschop, Ravel, et Économie moteur et qui

nécessite un feu rallumeur pour éviter l'extinction.

On interposa entre le cylindre et la flamme un tiroir, qui était tout à la fois distributeur et chargé de couvrir et de découvrir la flamme : moteurs Otto et Langen, François, Forest. Système simple, facile à surveiller, à graisser et à réparer.

Les deux systèmes précédents ne sont applicables qu'aux moteurs sans compression ; pour ceux à compression, il faut injecter la flamme dans le mélange, ou bien avoir une flamme produite par un gaz à la même pression.

Cet allumage, imaginé par Otto, se retrouve dans nombre de moteurs.

Allumage Otto. — Ce mode d'allumage s'emploie avec le tiroir-glissière précédemment décrit ; il est basé sur le principe

Fig. 35.

suivant : une certaine quantité de gaz est enflammé, puis isolé, il possède à ce moment la pression atmosphérique ; il est alors amené par un conduit étroit à la pression du mélange comprimé et à ce moment mis en contact avec celui-ci ; il en résulte une flamme vive qui pénètre dans le cylindre moteur et allume le mélange (fig. 34-35).

Ce dispositif est réalisé par une chambre d'allumage prise dans la glissière de distribution, qui re-

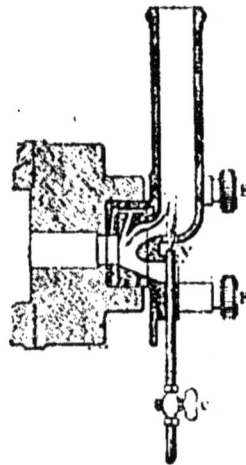

çoit du gaz par un tuyau spécial et une rainure qui y est tracée ; le mouvement de la plaque ferme l'arrivée du gaz et amène celui qui est comprimé devant un bec allumé, où il s'enflamme ; puis le mouvement de la plaque débouche un très petit conduit par lequel ce gaz est mis en relation avec le mélange comprimé, la glissière continue son mouvement et la partie contenant le gaz allumé arrive devant une ouverture du cylindre par laquelle entrait précédemment le gaz ; à ce moment l'explosion se produit.

Ce dispositif, dit M. Witz, est un véritable chef-d'œuvre, l'on n'a pas fait mieux jusqu'ici.

Allumeur Kœrting. — Cet allumeur est basé sur le principe qu'un gaz qui s'écoule avec vitesse par un conduit conique prend une pression décroissante depuis celle de départ jusqu'à la pression atmosphérique ; si l'on allume un gaz combustible dans la partie évasée, la combustion se propage en sens inverse du courant jusqu'à ce que la vitesse du gaz et celle de la flamme soient égales. Alors elle s'arrête. Si l'on ferme le conduit par sa partie évasée, il y a explosion et la flamme jaillit au delà de la partie étroite.

Ceci est réalisé par un conduit conique aboutissant au mélange tonnant, fermé à sa partie supérieure par un cylindre mobile à côté duquel se trouve un brûleur permanent ; à l'aide d'une came ce cylindre ferme la partie conique, supprime son contact avec le brûleur et abaisse ensuite la partie conique de façon à l'amener au contact du gaz.

Allumage électrique. — L'allumage électrique a supplanté celui à flamme, bien qu'il soit plus compliqué par suite de l'entretien des piles, plus délicat à régler, et occasionne d'assez fréquents *ratés*.

Allumeur Lenoir. — Cet allumeur est formé par des pointes métalliques entre lesquelles jaillit l'étincelle d'une bobine de Rhumkorf; ces pointes sont placées en arrière d'une soupape qui s'ouvre sous la pression d'un levier pour les mettre en contact avec le gaz.

Inflammateurs. — L'on a remplacé dans tous les moteurs ce dispositif par un inflammateur spécial constitué par une bougie en porcelaine de 0,02 de diamètre, portant au centre une tige de platine et latéralement une seconde tige venant aboutir à 1 1/2 ou 2 millimètres de l'extrémité de la première. Ce système a l'inconvénient que la bougie s'encrasse et l'étincelle alors ne jaillit plus.

Allumage Durand. — Cet allumage est produit par l'extra courant d'une dynamo actionnée par le moteur.

Une tige verticale appuie sur une molette dentée tournant autour d'un axe horizontal; un cliquet fait tourner cette molette et, par suite du saut de la tige sur la dent suivante, il y a production de l'étincelle. Ce système est très bon, mais il coûte cher d'installation.

Allumage Lenoir-Benz et **Salomon et Tenting.** — Dans ces moteurs, l'étincelle est produite

7.

par la fermeture d'un circuit, ce qui déplace le point d'inflammation et évite l'encrassement.

Allumage Delamare-Déboutteville-Malandin. — Cet allumage est constitué par une série d'étincelles jaillissant d'une façon continue entre deux pointes dans une chambre spéciale, mise en contact intermittent avec le gaz par l'intermédiaire d'un tiroir.

Les gaz brûlés s'amassant dans cette chambre, un dispositif spécial permet leur évacuation sous la pression du gaz comprimé du cylindre moteur, qui les expulse, puis s'enflamme.

Ce dispositif a l'avantage de n'avoir aucun encrassement, ni de ratés par suite de non-jaillissement de l'étincelle.

Allumage par incandescence. — Apparut vers 1888 et supplanta l'étincelle électrique à laquelle il paraît supérieur à tous points de vue, simplicité, pas d'encrassage, pas de ratés.

Incandescence électrique. — On l'obtient, soit en faisant rougir électriquement un fil de platine devant lequel tombe de l'essence très inflammable (Siemens); ou par une partie métallique, lame ou tube.

Incandescence par tube. — Actuellement l'on emploie dans nombre de moteurs un tube de fer chauffé par un brûleur Bunsen, lequel est porté au rouge et communique par intermittence avec le cylindre.

Ce tube casse au bout de 150 heures environ, et consomme 50 litres de gaz à l'heure ; le remplacement du tube se fait immédiatement par le vissage d'un autre ; l'on tend actuellement à employer les tubes en porcelaine, moins fragiles et moins coûteux.

Ce mode d'allumage par tube est le plus simple et celui qui fonctionne le mieux ; il n'a d'autre inconvénient que le remplacement, lequel est instantané.

On a supprimé l'obturateur et l'on est arrivé à régler automatiquement l'allumage par l'aspiration et le refoulement du gaz ; les gaz brûlés s'écartent du point incandescent par l'aspiration et en sont rapprochés par la compression ; à un moment le gaz combustible arrive au contact de la partie incandescente et fait explosion. Dans le cas de puissance un peu forte, ce système laisse à désirer et il est préférable d'avoir un obturateur.

Allumage Otto. — Formé par deux tubes perpendiculaires branchés l'un sur l'autre, le tube horizontal est fermé du côté du cylindre par une glissière, et à son autre extrémité par un chapeau ; le tube vertical est chauffé par la flamme d'un bec spécial placé en dessous.

Lorsqu'il y a communication entre le tube et le cylindre, le mélange comprimé se précipite dans les deux tubes, il prend feu dans celui vertical, cette flamme se communique au tube horizontal d'où la compression du gaz la lance dans le cylindre.

Les moteurs, Atkinson, Niel, Salomon et Tenting

Daimler-Crossley ont ce dispositif avec quelques variantes.

Allumage Crossley. — Un tube de porcelaine est placé dans une chambre métallique communiquant avec l'air extérieur, il est entouré d'une enveloppe isolante en amiante.

Cette chambre porte à sa base un tube muni à son extrémité d'un ajutage par lequel arrive le gaz, lequel est réglé par un pointeau à vis.

Le gaz allumé entraîne l'air arrivant par des trous latéraux et la flamme se rend dans la chambre où elle chauffe le tube de porcelaine.

Allumage Diesel. — Ce système réalise tous les desiderata, car il supprime tout dispositif; le gaz s'allume de lui-même par la simple chaleur de l'air comprimé dans le cylindre moteur. (Voir moteur à pétrole Diesel.)

Résumé. — Tous les systèmes précédents ont leurs avantages et leurs inconvénients, et ils se valent tous au point de vue économique, la dépense de chacun d'eux étant sensiblement la même; il n'y a que pour le dispositif Diesel où l'on peut considérer la dépense spéciale du brûleur comme nulle, celle-ci rentrant dans la dépense employée pour comprimer le gaz.

Régularisation. — D'après le fonctionnement même du moteur à gaz, il n'est pas possible de régler la puissance à chaque instant comme on le fait avec la vapeur; il faut, en effet, tenir compte de ce que le mélange gazeux ne peut être moteur que s'il a une composition déterminée et s'il est composé d'air et de gaz qui sont amenés d'une façon déterminée mécaniquement et qui ne peut être graduée.

Régularisation par volant. — Tous les moteurs sont munis de volants très lourds de façon à amortir le choc lors de l'explosion et à donner une allure aussi régulière que possible à la vitesse; l'on place quelquefois même un double volant[1]. Il faut remarquer en plus que, dans les moteurs à compression, c'est au volant qu'est dévolu ce rôle et que cette compression va pour certains d'entre eux jusqu'à 30 kgr. (Moteur Diesel.)

Pour les petits moteurs, où la simplicité de construction est la règle, le volant suffit et on complète le réglage à l'aide d'un robinet à main.

Pour les autres, l'on ne peut agir ainsi, car s'il n'y a pas consommation du travail moteur, la vitesse s'accélère et le moteur *s'emballe,* ce qui peut amener de graves accidents.

Emploi du régulateur. — L'on place donc un régulateur qui ferme l'arrivée du gaz; c'est le système *du tout ou rien,* et tant que la vitesse n'est pas redevenue normale, la machine n'admet que de l'air pur.

Dans d'autres l'on restreint partiellement l'arrivée du gaz; mais ce dernier moyen est inférieur au pré-

---

1. Moteurs spécialement destinés à actionner des dynamos.

cédent, car il donne des mélanges qui sont parfois incombustibles et sont rejetés en pure perte.

Quelquefois l'on combine ces deux moyens : jusqu'à une certaine vitesse, l'on restreint l'arrivée du gaz ; à ce moment, le mélange cessant d'être combustible, l'on agit par suppression. (Moteur Durand.)

Double réglage à la main et automatique. — Le système du tout ou rien ne permet d'avoir qu'une vitesse ; c'est un grave inconvénient, si le moteur doit actionner des outils de force différente ; il n'en est plus de même si la régularisation est double comme dans le moteur Sécurité.

Une fois le moteur en marche, l'on règle à la main à l'aide d'un pointeau l'arrivée du pétrole, puis l'arrivée d'air, et, une fois en marche, un régulateur automatique entre en action et modifie l'arrivée du pétrole.

Avec ce système, on peut obtenir toutes les forces jusqu'à celle maxima du moteur.

Régulateurs employés. — On emploie des régulateurs centrifuges de formes variées, soit le type à boules de Watt (Otto, Diederichs, Benz, Charon), soit des régulateurs avec boules montées sur ressort du type Armington (Kœrting-Boulet), soit des régulateurs pendulaires (Simplex, Crossley, Otto).

Régulateur pendulaire. — Cet appareil a pour principe le temps mis par un pendule pour accomplir une oscillation ; si la machine s'accélère, le pendule est en retard sur le mouvement de la machine, il manque une encoche et par suite n'agit pas sur le levier de la soupape d'admission du gaz.

Régulateur à air, à poids. — On a également employé la force expansive de l'air comprimé pour agir sur l'admission.

Le moteur Niel a une lame flexible chargée d'un poids; cette lame prend une flèche variable suivant le choc reçu, lequel dépend de la vitesse, et agit sur un déclic actionnant la valve d'admission.

Régulateur à contrepoids. — L'on charge actuellement le régulateur à boules d'un contrepoids genre Porter, mais posant sur l'extrémité de la tige par l'intermédiaire d'un ressort, lequel contrebalance l'action de ce poids; et, en serrant plus ou moins le ressort, l'on rend ce poids variable à volonté et par suite l'on augmente la vitesse de l'appareil et celle du moteur. (Crossley-Robey.)

Régulateur Schaffer et Budenberg. — Ce régulateur est formé de quatre pendules angulaires à bielles suspendues, avec ressort à tension variable intercalé entre la douille et le manchon, ce qui permet le réglage. (Charon.)

Régulateur Capitaine. — Type américain avec masses logées dans l'intérieur de la jante du volant, et formées par deux sphères reliées par un ressort à boudin et montées sur deux leviers à angle droit.

L'action de la force centrifuge lutte contre la résistance des ressorts et le déplacement est transmis par levier.

Remarque. — L'action des régulateurs est très sensible et de leur réglage dépend une bonne marche; quand un moteur s'emballe, cela tient presque toujours à ce que le régulateur s'est déréglé.

Appareils de mise en marche. — Un moteur ne peut être mis en marche aussi facilement qu'une machine à vapeur, car alors que dans celle-ci l'arrivée de la vapeur agit immédiatement sur le piston, dans celui-là c'est au piston même qu'est dévolu le rôle d'appel du mélange gazeux et la compression de ce mélange.

Pour mettre en train un moteur, il faut donc agir à bras sur le volant, de façon à produire le mouvement du piston; malgré cette manœuvre, la mise en marche ne se fait pas toujours immédiatement, car le moteur n'est pas réglé, ou les parois sont froides et l'explosion ne se produit pas.

Dans les moteurs à compression, la mise en route est rendue plus difficile par suite de la compression que l'on doit vaincre pour obtenir le mouvement complet.

Dans les moteurs à 4 et 6 chevaux, cette manœuvre est déjà difficile et deux hommes sont nécessaires; pour les puissances supérieures, elle l'est encore beaucoup plus, aussi les constructeurs ont-ils cherché à remédier à cet inconvénient, en plaçant un dispositif qui supprime à volonté la compression. L'on rend ainsi la mise en marche plus facile (Otto). Certains constructeurs ont inventé des appareils de mise en marche spéciaux (Clerk, Priestmann) connus sous le nom de self-starter.

Moyens de mise en marche.

Suppression momentanée de la compression. — On opère généralement suivant le dispositif imaginé par Otto : un manchon, coulissant sous l'influence d'un levier manœuvrable à la main, porte une came qui soulève la soupape de décharge, à chaque tour, au lieu d'un tour sur deux. Un dispositif très simple pour les petits moteurs (de Dion) consiste en une petite ouverture percée dans le fond du cylindre et qui se ferme par une tige perforée sur un diamètre, laquelle agit comme un robinet.

Self-starter. — On comprime en marche dans un réservoir spécial une certaine quantité du mélange gazeux ; ce gaz est mis en réserve et, lors de la mise en marche, on l'envoie derrière le piston ; sa pression agit d'abord, son explosion ensuite (Clerk), mais c'est quelque peu dangereux, car l'explosion peut se communiquer au réservoir.

L'on a récemment modifié ce dispositif en comprimant le mélange au moment de la mise en marche à l'aide d'une petite pompe à main. Le danger est ainsi évité.

Le moteur Niel emploie ce dispositif en calant momentanément le volant, ce qui est quelque peu dangereux, en cas d'accroc.

Certains envoient dans le réservoir de l'air (Atkinson), d'autres les gaz brûlés que le moteur y comprime.

Le dispositif Crossley consiste à arrêter le moteur à mi-course et à remplir le cylindre d'un mélange gazeux à l'aide d'un robinet spécial; pour mettre en marche, il suffit de provoquer l'explosion.

Le Simplex opère d'une manière analogue : on arrête à la fin de la compression, puis on vide le cylindre du gaz qu'il contient.

Pour mettre en marche, on envoie dans le cylindre un mélange tonnant et l'on fait avancer le piston de façon à remplir le cylindre de gaz, puis on le comprime légèrement et l'on provoque l'explosion.

Moteur auxiliaire. — Pour les gros moteurs, l'on ajoute généralement un petit moteur auxiliaire, lequel agit sur le volant à l'aide d'un galet de friction mobile, qui l'entraîne. C'est une coûteuse complication.

On a adopté également des dispositifs qui, à l'arrêt, conservent les gaz brûlés, lesquels sont remplacés à la mise en marche par du mélange que l'on enflamme. En cas de raté, un treuil sert à ramener le piston dans sa position initiale.

Refroidissement. — L'explosion constante des gaz et la haute température qu'elle développe portent rapidement le cylindre à une haute température ; il est nécessaire de le refroidir, sans cela il y aurait grippement.

Ce refroidissement s'opère pour les petits moteurs

à l'aide d'ailettes venues de fonte avec le cylindre, lesquelles augmentent sa surface refroidissante.

Sur les moteurs fixes ce système ne peut s'employer que pour des forces inférieures à un poncelet ; au delà il faut avoir recours à une circulation d'eau autour du cylindre.

L'eau est prise dans un réservoir d'assez grande capacité et circule dans l'enveloppe du cylindre par le simple jeu du thermosiphon.

DESCRIPTION DES PRINCIPAUX MOTEURS

Nous décrirons très sommairement les moteurs les plus couramment répandus, en en signalant les particularités spéciales.

Moteurs du premier type.

Les moteurs de ce type sont : les moteurs Bénier, Forest, Bisschop, François ; ce sont des moteurs de petite force, 3 1/2 kgrm. à 1 cheval (0,03 à 0,75 poncelet), très ramassés de forme, par suite peu encombrants et très simplifiés de construction.

Leur prix d'achat est peu élevé ; mais cette économie n'est qu'apparente, car la dépense journalière est très considérable, aussi sont-ils de moins en moins employés.

Le moteur Forest est horizontal, le Bénier et le Bisschop sont verticaux.

Moteurs du second type à deux temps.

Des moteurs de ce type, nous décrirons le moteur Benz et le moteur Ravel.

Moteur Benz. — Ce moteur est horizontal, il repose sur un léger bâti de fonte avec le cylindre en porte à faux; ce cylindre est fermé à ses deux extrémités; une pompe de compression est placée sous le cylindre; un régulateur Porter, commandé par une corde sans fin, régularise la marche de la distribution qui se fait par soupapes; l'allumage est électrique.

La particularité de ce moteur est de comprimer le mélange tonnant dans le cylindre, tout en donnant une explosion par chaque tour de l'arbre et de débarrasser le cylindre des gaz brûlés dès que le piston, revenant en arrière, a atteint la moitié de sa course; ce qui s'obtient en envoyant dans le cylindre de l'air sous pression qui les refoule à l'extérieur, puis l'on envoie la charge de gaz à l'aide d'une pompe spéciale.

Moteur Ravel. — Analogue de forme au précédent, avec cette particularité que la partie avant du piston sert à comprimer l'air, qui se rend dans un réservoir spécial; ce réservoir est placé sous le bâti, et il est muni d'un robinet de sûreté qui rejette une partie de l'air; une pompe rattachée à la manivelle refoule également le gaz dans un réservoir placé à côté du premier.

Moteurs du second type à quatre temps
ou type Otto.

Moteur Otto. — Moteur horizontal avec cylindre
en porte à faux, porté par un bâti en fonte ; le cylindre est ouvert à l'avant et il reçoit un piston creux de
grande longueur, portant au centre un axe qui vient
se relier à un sabot coulissant sur une partie plane ;
ce sabot porte une bielle venant actionner un arbre
manivelle, muni d'un volant et reposant sur deux paliers faisant corps avec le bâti.

Sur cet arbre se trouve placé un engrenage d'angle,
qui engrène avec un pignon calé sur un arbre horizontal (cet arbre a, par suite du rapport des engrenages
2 à 1, une vitesse moitié de celle de l'arbre moteur) ;
il porte à son extrémité opposée un manchon à came
et une manivelle qui actionne la distribution.

Un petit levier permet de déplacer la came com-
mandant l'échappement de façon à la maintenir ouverte lors de la mise en route.

Sur le cylindre se trouve placé un réservoir distri-
buant l'huile automatiquement.

Nous retrouverons cette disposition dans tous les
moteurs horizontaux.

Les différents moteurs diffèrent, comme nous l'avons
dit précédemment, par les organes de distribution. Dans
le moteur Otto, l'arbre porte deux cames, l'une qui se
déplace sous l'influence d'un régulateur à boules,

renfermé dans une boîte, et commande la soupape
d'admission ; l'autre qui agit par un levier sur la soupape d'échappement.

Fig. 86.

Moteur Lenoir. — Moteur à quatre temps, type
horizontal à cylindre muni d'œillettes de refroidissement, avec chambre de compression, distribution à

soupape placée latéralement et mue par levier actionné par deux engrenages réducteurs de 2 à 1.

L'allumage est électrique par bobine. Un régulateur à boules supprime l'arrivée du mélange tonnant

Fig. 87.

en agissant par suppression de l'action d'un levier sur la soupape.

Moteur à forte compression, très simple et économique.

Force à un seul cylindre : 2, 4, 6, 8 chevaux.

Machine à deux cylindres accouplés :

Puissance, 8, 12, 16, 24, 50 chevaux.

Consommation par cheval effectif, 650 lit. 585.

Moteur de la Cie Parisienne. — Moteur du type

Fig. 38.

Lenoir, horizontal ou vertical, à un ou deux cylindres, distribution par soupapes, allumage électrique, même régularisation que le moteur Lenoir (fig. 39 et 40).

Puissance de 1/4, 2/3, 1 1/2, 3, 5 chevaux.

Consommation totale :

A l'heure : 300 lit., 650, 1,200, 3,090, 3,300.

Par cheval : 1,200, 1,000 lit. + 800, 1,030 + 660.

Moteur Crossley. — C'est le moteur Otto modifié par les concessionnaires du brevet; ceux-ci ont
augmenté la compression (3 atmosphères), la vitesse
de combustion et celle du moteur qui atteint 250 tours.

Fig. 39.

La distribution se fait par soupapes (fig. 41 et 42).

Allumage par tube incandescent, placé devant un
conduit communiquant avec la chambre de compression et fermé par une petite soupape, ce qui permet
de déterminer l'allumage au moment déterminé.

Ces moteurs ont deux régimes :

8

1° régime de mise en train.

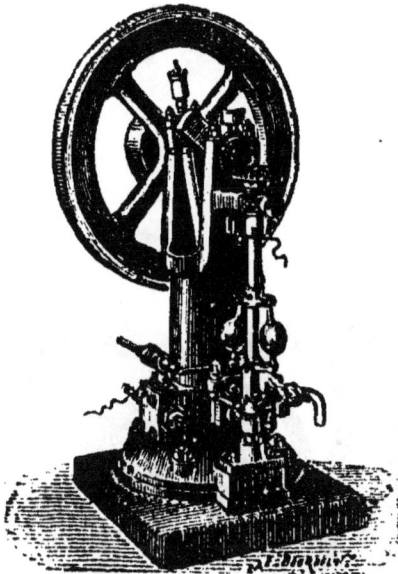

Fig. 40.

2° régime de marche.

On fait varier le régime en avançant ou en retardant le moment de l'allumage, ce qui s'obtient en faisant varier la levée de la soupape suivant la vitesse.

Un régulateur pendulaire reçoit l'action d'une came placée sur l'arbre du distributeur, et agit plus ou moins promptement suivant l'impulsion reçue.

Consommation 575 litres par cheval-heure.

Le self-starter de Lanchester est adapté à ces moteurs.

Moteurs horizontaux. Puissance : 2 ch. 1/4, 4, 6, 8, 9 1/2, 12 1/2, 15 1/2, 19, 21, 25, 32, 40, 48, 63, 83, 97, 122 chev.

Moteurs à deux cylindres. 166, 194 chevaux.

Moteurs verticaux. 1/2, 1 1/2, 2 1/4, 6 chev.

Moteurs spéciaux à 2 volants pour lumière électrique.

Puissance, verticaux : 3 1/2, 5 1/2 ch.

Puissance, horizontaux : 3, 5, 7, 9, 10 1/2, 15, 20, 25, 37 ch.

Puissance à un seul volant lourd : 30, 39, 50, 80, 100, 120 ch.

Fig. 41.

*Moteur Simplex de E. Delamare, Deboutevillé
et Malandin.*

Moteur à quatre temps à distribution par tiroir

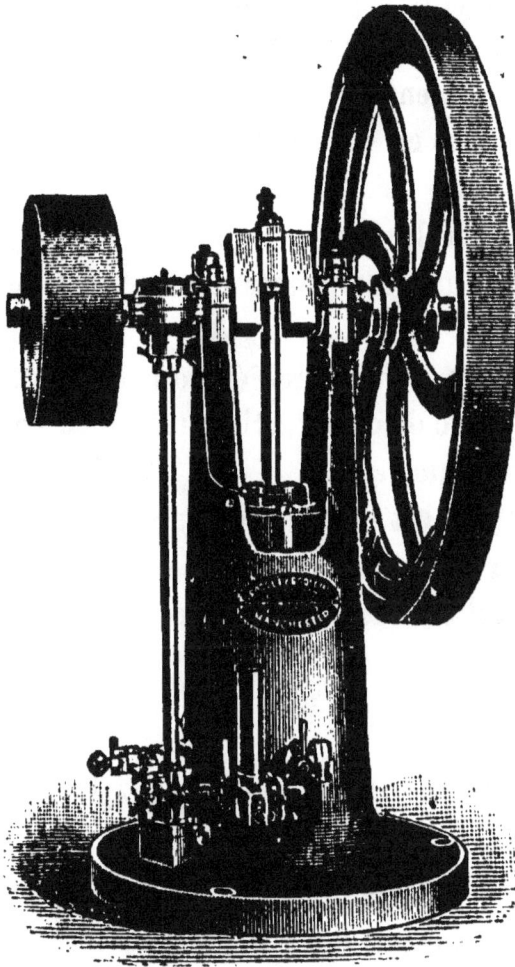

Fig. 42.

actionné par un plateau-manivelle et un coulisseau
recevant le mouvement de l'arbre moteur.

Le tiroir a deux ouvertures au centre, l'une droite

pour l'admission, l'autre oblique servant à l'allumage; le gaz arrive dans la partie antérieure, une culasse communique avec l'arrivée du mélange par une soupape; sur le côté de la culasse se trouve un renflement dans lequel se produit d'une façon continue une étincelle électrique.

Le mouvement du tiroir ferme l'ouverture de la culasse et met en communication le fond du cylindre avec l'étincelle électrique.

Les gaz brûlés ont rempli la cavité où jaillit l'étincelle, les gaz comprimés du coup suivant les expulsent.

Régulateur pendulaire. (Décrit précédemment.) Moteur simple de construction, très bien construit et d'excellent rendement.

Le Simplex est un des meilleurs moteurs à quatre temps que nous possédons en ce moment (Witz), j'ajoute qu'il est resté digne de cette appréciation.

Moteur Forest.

Trois types.

Le premier, décrit précédemment, est à deux temps.

Le second à quatre temps et à deux pistons.

Moteur à deux pistons. — Deux pistons horizontaux actionnent deux balanciers verticaux reliés par bielle aux deux manivelles d'un vilebrequin.

Le mélange est introduit entre les deux pistons qui s'écartent en même temps sous l'effet de l'explosion.

Moteur excessivement robuste et très ramassé.

8.

Moteur Salomon et Tenting.

Moteur simple et ramassé, à refroidissement par ailettes; distribution par soupapes; la soupape d'échappement est commandée par le régulateur; si la vitesse s'accélère, les gaz brûlés restent dans le cylindre; l'admission s'opère automatiquement, allumage par pile.

Moteur Charon.

Moteur à quatre temps avec forte détente variable au régulateur.

Un régulateur genre Porter commande une came à gradin, actionnant deux soupapes, l'une d'arrivée du gaz, l'autre de retenue.

Le piston aspire le gaz et le comprime en revenant, mais au début la soupape de retenue n'est pas fermée; une certaine quantité du mélange s'échappe et se rend dans un pot spécial, contenant, à l'intérieur, un serpentin dont l'extrémité inférieure débouche à l'air libre.

Le gaz refoulé parcourt ce serpentin, mais n'a pas le temps d'arriver jusqu'à l'extrémité; car avant cela une nouvelle aspiration se produit et l'air extérieur se rendant au cylindre entraîne le mélange qui s'y trouvait.

Allumage électrique par pile et bobine d'induction

Fig. 48, 48 bis et 48 ter. — Moteurs Charon.

à l'aide d'une bougie en porcelaine ; l'étincelle jaillit sous l'influence d'un ressort.

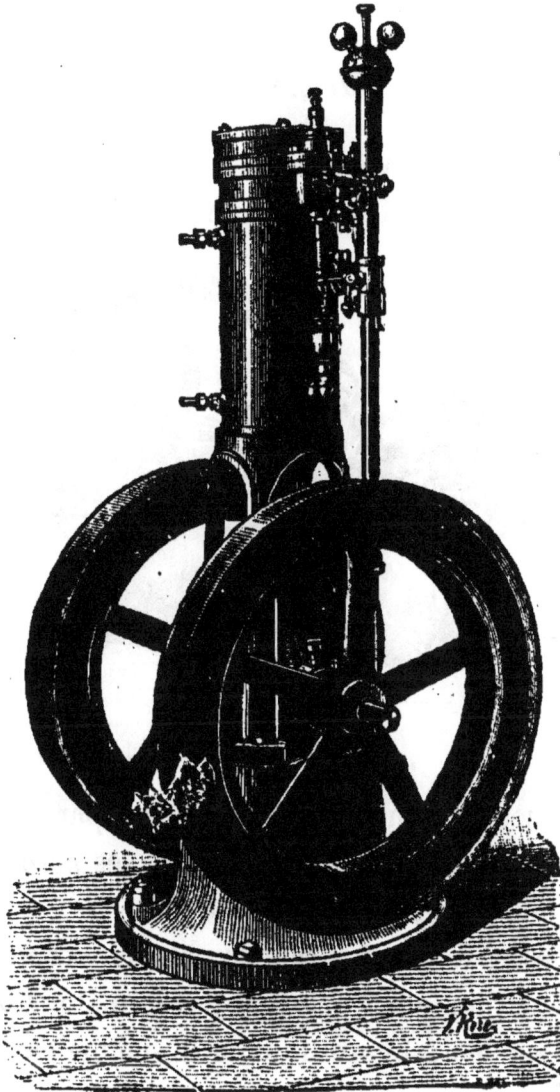

Le moteur est semblable comme dispositif au moteur Otto en nombre de points.

Très bon moteur avec consommation très minime d'après M. Witz : 535 litres de gaz à 0 et 760°, à 5.980 calories le m. c., équivalant à 600 litres à 5.300 calories.

Moteur Niel.

Moteur horizontal à quatre temps avec soupapes. Le régulateur est constitué par une pièce à trois branches

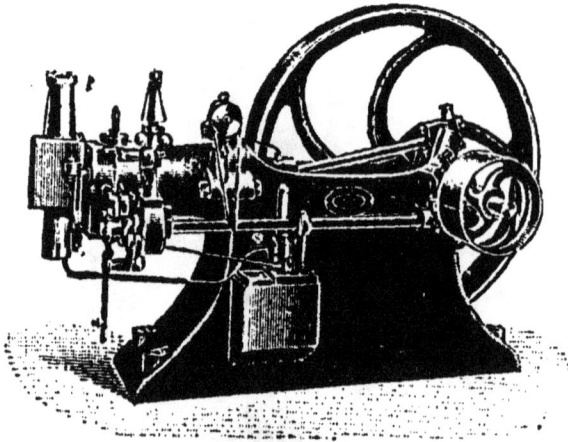

Fig. 44.

oscillant sous l'influence d'un levier mû par une came ; cette pièce forme butée par l'une de ses pointes, une autre déclic et la troisième forme ressort.

La partie formant déclic monte et descend sous l'influence d'un levier actionné par le moteur et vient appuyer sur le déclic qui appuie lui-même sur la tête de la valve.

En montant, elle frappe contre la butée et plie le ressort, à la descente celui-ci agit et lance la pièce sur le déclic qui appuie sur la tête de la valve et l'ouvre ; en marche, si le mouvement du levier est trop rapide, la pièce descendante manquera la tête du déclic et, celui-ci n'appuyant pas sur la valve, celle-ci ne s'ouvrira pas.

Comme particularité, l'aspiration ne se fait que dans les deux tiers de la course.

Allumage par tube incandescent ; ce moteur donne un bon diagramme.

Moteur Kœrting, Lieckfeld-Boulet.

Moteur vertical à quatre temps, à distribution par soupapes commandées par un arbre à came ; soupape de mélange réglant la teneur du mélange (fig. 45).

Une soupape de retenue est placée sur l'aspiration et permet, en cas de trop grande vitesse du moteur, de reprendre les gaz brûlés, au lieu du mélange, ce qui s'obtient très simplement à l'aide d'un levier mobile autour de son axe et relié aux deux soupapes ; ce levier empêche la levée de la soupape d'admission, pendant qu'un cran d'arrêt du régulateur arrête et immobilise le levier de l'échappement.

Moteur horizontal. — A quatre temps, distribution par soupapes d'admission, d'échappement et de mélange, de fonctionnement analogue au précédent ; les deux premières soupapes sont dépendantes l'une de l'autre, ce qui assure leur bon fonctionnement ; un arbre à came opère leur commande.

Fig. 45.

Allumage par tube incandescent ; régulateur Porter dont la masse agit sur un levier qui maintient ouvert l'échappement et évite l'admission de gaz.

Moteur Levasseur. — Horizontal à quatre temps, distribution par tiroir cylindrique.

Ce tiroir opère la distribution et l'allumage ; placé au fond de la chambre de compression, il est formé par un cylindre creux sur une partie et ouvert sur l'un des côtés ; il porte deux ouvertures latérales et un conduit central qui établit la communication avec le tube d'allumage.

Le gaz arrive par une des ouvertures sous l'action de l'aspiration et il entraîne en même temps l'air extérieur ; sous l'influence de la came, le tiroir tourne et ferme les orifices ; un nouveau mouvement amène le conduit central devant le tube d'allumage.

Le tiroir est équilibré par un diaphragme, qui, sous l'influence de la pression, fléchit et pousse la culasse ; ce dispositif a pour but de conserver les organes.

Un régulateur pendulaire à deux boules, muni d'un doigt, supprime l'arrivée de gaz en cas d'accélération.

Ce moteur est simple, robuste et bien étudié.

Moteur Lalbin. — Disposition à trois cylindres inspirée par la machine Brotherhood, permettant d'obtenir trois efforts moteurs par tour ; ce moteur fonctionne ainsi :

Le premier cylindre donne son effort.

Le deuxième cylindre donne son échappement.

Le troisième cylindre aspire.

Chacun d'eux porte une soupape d'arrivée et d'é-
chappement manœuvrée automatiquement tous les
deux tours par un très ingénieux mécanisme.

Allumage par incandescence ; réglage obtenu par
une poulie à force centrifuge qui agit sur le robinet
d'arrivée. Moteur robuste, de grande puissance sous
un petit volume et un faible poids.

Moteur Letombe. — Ce moteur est particulièrement remarquable, car il est à double effet et tient
à la fois des moteurs à deux et à quatre temps, ayant
les périodes de ce dernier à chaque demi-tour et un
coup moteur par tour.

Le cylindre est fermé et semblable à un cylindre
de machine à vapeur ; il porte sur le côté un tiroir à
chaque extrémité, lequel est mû par excentrique.

Un réservoir spécial dit « l'antichambre » reçoit le
mélange ; il est fermé par une soupape automatique
qui s'ouvre sous l'aspiration du piston ; la compression y refoule une certaine quantité de gaz, le tiroir
ne fermant pas immédiatement la communication.

Il peut marcher à simple effet par un dispositif
pendulaire placé sur l'un des tiroirs.

Ce moteur a une régularité parfaite, il est simple
et très économique.

Résultats d'expériences exécutées
sur des moteurs à gaz.

MOTEURS.	FORCE.	CONSOMMATION PAR CHEVAL-HEURE effectif en litres.
Lenoir	2	780-760
	4	710-725
	8	705
	12	717
	16	652
	24	640
Charon...........	2	1,200
	4	660-685
	6	577
	8	545
	20	490-510 B. C.
	25	460-520
	50	480-530
— derniers essais .	{ 4,71 61,89	478 466
Crossley..........	1/2	927-997
	12	682
	30	610-650 B. C.
Niel..............	4	870 B. C.
	25,28	444
Tangye	28,67	522 B. C.
	300,60	444

B. C. signifie Brûleur compris.

Le tableau suivant donne la dépense moyenne des moteurs bien construits, et les dépenses minimum sont des résultats d'essais officiels faits sur les meilleurs d'entre eux, résultats qui sont toujours inférieurs, vu les soins apportés, à ceux de la consommation courante.

| Force. | Dépense. | | Dépense par cheval-heure gaz à 0,30 l | |
	Ordinaire.	Minimum.	Ordinaire.	Minimum.
1/2	1200	1000		
1	1100	800	0,61	0,52
2	1000	750	0,47	0,40
4	950	685	0,375	0,31
6	900	600	0,350	0,26
8	850	600	0,320	0,24
10	800	600	0,297	0,23
16	750	550	0,280	0,21
20	700	500	0,228	0,20
50	700	500		
150	650	500		

Installation dans un immeuble.

— Le moteur à gaz peut se placer dans un immeuble habité par plusieurs locataires, sans aucune autorisation administrative; mais il est prudent, pour s'éviter des ennuis qui se traduisent toujours par des procès longs et coûteux, de prendre le maximum de précautions, car si le voisinage d'un moteur n'est pas intolérable, il peut néanmoins causer suffisamment de gêne pour que certains locataires se plaignent.

La première précaution à prendre est d'avoir l'autorisation du propriétaire.

1. Dans ce calcul nous comptons les frais fixes calculés de la façon suivante :

1º Amortissement en 10 ans à 4 pour 100. (Comptés pour 300 jours
2º Service et entretien à 5 pour 100. (de marche.

Ce qui revient à une somme de frais journaliers égale à 1/2 millième du prix d'achat.

Un ouvrier à 5 francs par jour occupe au moteur 1/3 du temps.

3º Le graissage évalué à 500 gr. à 0.50, pour 30 h. de travail, soit par cheval-heure environ 0,02.

Les inconvénients qui peuvent résulter pour les voisins sont les suivants :

1° Le bruit et les vibrations;

2° L'odeur;

3° Une modification dans l'éclairage.

Pour le bruit, l'on place sur le parcours du tuyau d'échappement un vase en fonte de capacité assez grande qui reçoit l'échappement et amortit le bruit.

Pour l'odeur, le tuyau d'échappement est prolongé jusqu'au-dessus du toit ou aboutit à l'extérieur, là où l'odeur ne peut causer d'inconvénient.

Remarque. — L'on ne doit jamais faire déboucher le tuyau d'échappement dans un conduit de cheminée auquel aboutirait un foyer, car un raté enverrait le mélange explosif non utilisé par le moteur dans la cheminée et amènerait une explosion.

Vibrations. — Pour les vibrations, l'on place le moteur sur une plaque de caoutchouc ou sur un plancher anti-vibrateur.

Prise de gaz. — Le gaz est amené par la colonne montante et, après avoir passé dans un compteur spécial, il arrive dans une poche en caoutchouc formant réservoir, de laquelle il se rend au moteur.

Cette installation sur une conduite déjà établie, que l'on ne peut changer et sur laquelle est branché l'éclairage de l'immeuble, amène parfois des inconvénients, car, si la colonne donne son maximum de débit, chaque coup de piston produit dans l'éclairage un contre-coup qui se traduit par la « danse des flammes ».

On y remédie en augmentant les dimensions de la poche et plus sûrement en faisant précéder la poche d'une autre munie d'un anti-fluctuateur.

Une poche dont le volume représente 25 fois celui du gaz aspiré suffit généralement.

Anti-fluctuateurs. — Ils servent à éviter la danse de tout l'éclairage placé sur la conduite et les branchements.

Le remède serait de changer la conduite ; c'est coûteux, et souvent impossible, d'où l'emploi d'appareils spéciaux dits anti-fluctuateurs qui sont des réservoirs intermédiaires en métal ou en caoutchouc à remplissage automatique.

Rhéomètre anti-fluctuateur de la Cie Parisienne. — Composé d'une chambre formée de deux cylindres placés perpendiculairement, à la jonction desquels se trouve un diaphragme portant un cylindre ouvert sur le côté et fermé à sa partie supérieure.

Dans ce cylindre en coulisse un second très léger, en aluminium, ouvert latéralement et fermé inférieurement. Les deux cylindres étant écartés, le gaz passe de B en H ; au coup de piston suivant, il y a raréfaction en A ; aussitôt le cylindre d'aluminium pénètre dans le cylindre fixe et les deux ouvertures du gaz se ferment, la raréfaction ne s'est pas prolongée au delà. Appareil simple, peu coûteux et fonctionnant très bien.

Poche de la Compagnie des Compteurs à

gaz. — Poche en caoutchouc renfermée dans une poche métallique ; le gaz arrive par un tuyau dont l'orifice est fermé par une soupape suspendue à la poche ; il sort par un tuyau voisin.

Une trop grande pression gonfle la poche, celle-ci entraîne la soupape et ferme l'arrivée de gaz ; le vide du piston au contraire la fait rouvrir.

Poche à anti-fluctuateur Bizot et Akar. — Un papillon placé au col de la poche est mû par une crémaillère, laquelle agit sous l'influence d'un parallélogramme articulé dont les extrémités reposent sur les parois de la poche.

Celle-ci, en se gonflant ou en se dégonflant, ouvre ou ferme l'arrivée de gaz.

Appareil assez coûteux mais de très bon fonctionnement.

Poche Lanchester. — Même principe que la précédente, mais c'est une soupape placée sur un point mobile rattaché aux parois, laquelle par suite monte ou descend et ouvre ou ferme.

Poche Crossley. — Basée sur le même principe, la soupape se trouve au milieu et l'arrivée de gaz fait fermer la conduite.

Anti-pulsateur Bray. — Cet appareil est formé par un soufflet circulaire placé verticalement et dont la partie antérieure rigide est suspendue et peut se déplacer parallèlement à elle-même ; elle porte au centre une soupape manœuvrée par son mouvement, fermant l'arrivée du gaz.

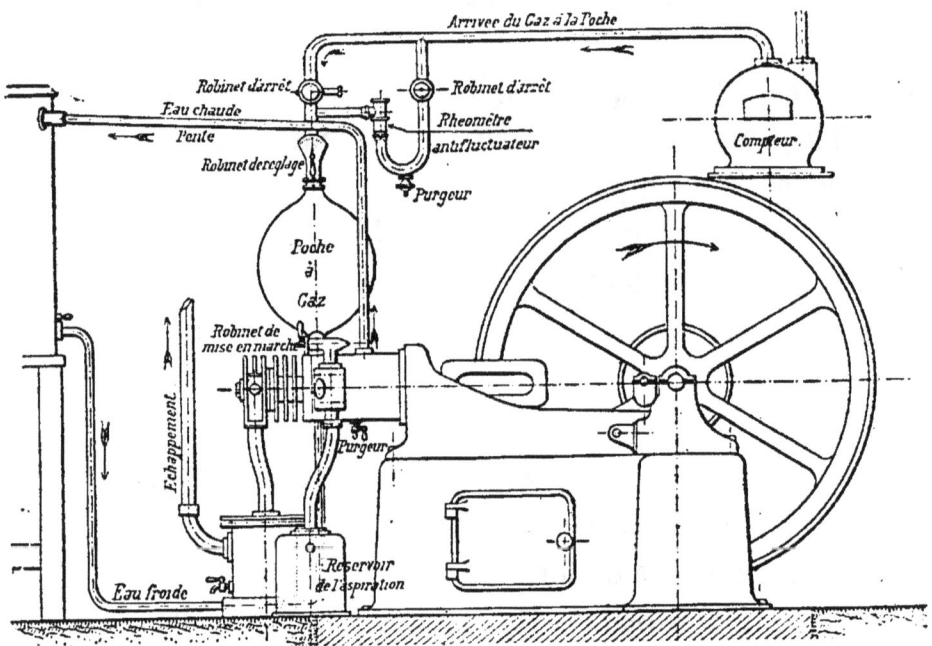

Arrivée du Gaz à la Poche

Robinet d'arrêt — Robinet d'arrêt
Eau chaude
Pente
Robinet de réglage

Compteur.

Rhéomètre
antifluctuateur

Purgeur

Poche
à
Gaz

Robinet de
mise en marche

Purgeur

Échappement

Réservoir
de l'aspiration

Eau froide

Fig. 46.

L'aspiration fait reculer la flasque et rouvre l'arrivée.

Le but de ce dispositif est d'éviter les vibrations et de donner au gaz la pression atmosphérique. Il est simple et de bon fonctionnement.

Prise de l'eau du refroidissement. Une autre question, quelquefois ennuyeuse, est celle de la provision d'eau; l'on peut opérer en prenant l'eau sur la conduite de la Ville, mais si le propriétaire ayant le droit de s'y opposer en use, il faut placer un réservoir spécial dont la capacité doit être d'environ 300 litres par cheval.

On doit, en le plaçant, vérifier la solidité de l'endroit et si l'humidité qui en résultera n'aura pas de gêne pour les voisins ; il est prudent de ne jamais poser un réservoir à même sur le sol.

Installation d'un moteur à gaz. — Un moteur à gaz peut se placer soit au rez-de-chaussée d'un immeuble habité, soit en étage.

Si l'immeuble est de bonne construction, on peut le placer sans grand rixe de vibrations, et nous pouvons citer le cas d'un Simplex de 6 chevaux placé dans le bâtiment d'une école municipale de Paris, sous une des salles d'études, sans qu'il en résulte le moindre inconvénient; par contre un moteur de 4 chevaux que j'ai placé au rez-de-chaussée d'un immeuble déjà ancien, m'a donné des trépidations chez les locataires de l'entresol.

Un moteur placé sur le sol, sans socle, doit reposer

sur un massif en pierre ou en briques et ciment reposant lui-même sur un léger béton de 10 centimètres ; ce massif doit être parfaitement de niveau. L'on y scelle le moteur par 4 ou 6 boulons de scellement, d'au moins 20 centimètres de longueur, les scellements étant faits avec du ciment dans lequel l'on bourre des débris de briques ; il est inutile de les faire au plomb, c'est plus difficile et plus coûteux.

Si le moteur a un socle, il suffit de faire une fouille de 30 à 40 centimètres débordant d'au moins $0^m,20$ les dimensions du socle ; l'on fait un béton de 10 centimètres d'épaisseur et une épaisseur de briques d'au moins 30 centimètres, de façon à ce que le massif de briques dépasse le sol d'un minimum de $0^m,05$.

Le briquetage est à joints apparents ou mieux recouvert d'une couche de ciment.

Prise de gaz. — Du branchement principal la conduite de gaz vient aboutir à un compteur spécial placé chez l'abonné et destiné spécialement au moteur ; ce compteur doit être éloigné du moteur de façon à ce qu'en cas d'accident l'on puisse le fermer.

Le tuyautage part de ce compteur et court le long du mur, mais, avant d'aboutir au moteur, il reçoit la poche de caoutchouc précédée elle-même de la poche à anti-fluctuateur, si cela est nécessaire. Le tuyau se courbe et se relève en formant un demi-cercle, dont la branche proche de la poche porte un robinet de réglage, et la base du coude un robinet de purge. L'autre branche porte un robinet d'arrêt ; ce robinet est placé en avant de la poche anti-fluctuatrice s'il y en a une et avant le robinet de réglage de la poche du moteur s'il n'y en a qu'une ; de l'extrémité opposée de la poche le tuyautage repart et se rend au moteur.

Les tuyaux de la conduite au compteur sont géné-ralement en plomb, de même ceux du compteur à la poche ; de la poche au moteur ils sont en fer ou en cuivre.

Le tuyau qui relie le pot d'échappement au moteur, celui qui communique avec l'extérieur et les tuyaux d'eau sont en fer avec joints à la céruse.

Emplacement. — On doit toujours laisser autour du moteur un espace suffisant de façon à pouvoir tour-ner au volant facilement et sans qu'il puisse en résulter d'accident.

Les poches et les robinets de gaz doivent être pla-cés suspendus le long du mur, leur abord doit être facile ; ils ne doivent pas être près du moteur, mais à l'opposé de l'inflammation, de façon à éviter les ac-cidents.

Le compteur spécial ne doit pas être placé près du moteur, mais, ainsi que nous l'avons dit précédem-ment, à une certaine distance, de façon à pouvoir le fermer en cas d'accident aux poches ou à la distribu-tion.

Eau. — Si l'on se branche sur la distribution, dans ce cas on règle l'écoulement de façon à ce que l'eau marque à sa sortie au plus 60° ; l'on peut atteindre même 80° avec un bon graissage.

Dans le cas d'emploi d'un réservoir, la circulation doit être établie par deux tuyaux, allant l'un de la base du réservoir à l'arrivée, l'autre du départ du moteur à la partie supérieure du réservoir et aboutissant à 10 ou 12 centimètres au-dessous du niveau de l'eau, par une partie courbe de façon à former un syphon.

Appareils accessoires.

Appareil à désinfecter. — Pour supprimer l'odeur des gaz de l'échappement, on interpose sur leur passage une caisse à trois compartiments ; dans celui du milieu se trouve placé entre deux toiles métalliques du noir animal en gros grains, qui absorbe cette odeur.

Amortisseur d'échappement Patrick. — Pour éviter le bruit on place à l'extrémité du tuyau d'échappement un appareil formé par quatre cônes superposés. Les trois premiers sont ouverts en leur milieu, le dernier est plein ; cette série de cônes produit un ralentissement de la vitesse et par suite du bruit.

Renseignements relatifs à l'installation d'un moteur à gaz.

FORCE en chevaux.	QUANTITÉ d'eau à l'heure.	VOLUME du réservoir.	VOLUME du compteur.	DIAMÈTRE INTÉRIEUR des tuyaux d'		NOMBRE de tours.
				amenée.	échappement.	
	lit.	lit.	becs.			
1/4	20	100 l.	5	0,012	0,021	400
2/3	25	150	»	0,015	»	350
1	»	»	»	0,017	»	»
1 /2	45	175	10	0,021	0,027	300
2	»	»	»	»	0,040	»
3	75	350	20	0,027	»	250
4	»	»	»	»	0,050	»
5	100	600	»	0,034	»	210
6	»	»	30	»	0,072	»
8	»	700	40	»	»	»
10	200	»	50	0,041	»	»
12	»	»	60	0,054	0,090	»
14	»	»	70	»	»	»
16	»	»	80	»	»	»
18	»	»	90	»	»	»
20	»	»	»	»	»	»
24	»	»	100	0,064	0,100	»
30	»	»	150	»	»	»
40	»	»	200	»	»	»
50	»	»	•	0,081	0,130	»

Fonctionnement. — Il est bon de faire remarquer ici la différence qui existe entre un moteur à gaz et une machine à vapeur relativement à leur fonctionnement.

Le moteur à gaz est un moteur à force et à vitesse fixes et, par conséquent, l'on ne peut agir avec lui comme avec la machine à vapeur dans laquelle on peut augmenter dans de larges mesures et la vitesse et l'admission de vapeur et par suite la force. Le moteur à gaz au contraire est un moteur à admission fixe et invariable, dans lequel l'air et le gaz doivent arriver au cylindre dans des proportions qui sont rigoureusement toujours les mêmes.

Donc, toute tentative d'augmentation de puissance est inutile et toute recherche d'augmentation de la quantité de gaz pour augmenter la puissance ne conduit qu'à la mauvaise marche du moteur, tant comme fonctionnement que comme coût.

Il y a dans le moteur à gaz, pour sa mise en marche et son fonctionnement, un doigté spécial, lequel s'acquiert très facilement au bout de quelques jours ; il faut que l'ouvrier *connaisse son moteur*, et, lorsqu'il le connaît, il le met en route dès le premier essai et il règle ses arrivées de gaz et d'air sans le moindre tâtonnement.

Fonctionnement des moteurs.

Graissage. — La vitesse du piston (200 tours et plus) demande un graissage abondant dans le cylindre ; mais, d'autre part, la haute température qui s'y trouve développée (1,200°) rend ce graissage difficile, car elle brûle les lubrifiants qui y sont introduits.

Les huiles animales résistent mal, car, non seulement elles se décomposent à cette température en glycérine et en acides gras, mais elles brûlent encore très facilement.

Les huiles minérales ont été adoptées dans presque tous les moteurs ; certains cependant graissent le cylindre à l'huile d'olive.

Les huiles à employer sont les huiles épaisses, de consistance sirupeuse, de couleur jaune verdâtre et de densité de 860 à 930°, connues sous les noms de valvoline, cylindrine, cylindro-valvoline, etc.

Ces huiles servent pour le cylindre ; pour les organes, l'on emploie soit l'huile russe ordinaire, soit la graisse consistante avec graisseur Stauffer.

Remarque. — Le graissage du cylindre doit être assez abondant, d'où dépense assez notable ; il y a intérêt à recueillir cette huile, à l'épurer et à la remettre en usage. (Voir article *Épuration d'huile.*)

Graisseurs de cylindre. — Les graisseurs employés pour le graissage des cylindres sont de deux sortes, soit à goutte réglable, soit automatiques.

Tous les graisseurs à goutte réglable peuvent être utilisés, mais les graisseurs automatiques ont le double avantage d'économiser l'huile en s'arrêtant avec le moteur et de soustraire l'huile à la chaleur du moteur. Le type est le type Otto.

Ce graisseur est formé par une sorte de sphère, fermée par couvercle, à l'intérieur de laquelle tourne un arbre portant double disque muni de petites palettes.

Ces palettes trempent dans l'huile, sortent du liquide et viennent écouler cette huile dans des tuyaux qui la conduisent au cylindre et aux organes de distribution.

Le graisseur Niel est un robinet distributeur tournant sous l'action d'une vis sans fin.

Mise en marche. — Pour mettre en marche, l'on doit agir sur les robinets d'arrivée de gaz et d'air.

Pour un moteur sans compression :

1° L'on s'assure que tous les graisseurs sont remplis et ouverts ;

2° On ouvre les 2 robinets d'arrêt et du brûleur ;

3° On allume le brûleur ;

4° On ouvre très peu le robinet de gaz du cylindre ;

5° L'on fait faire très vivement 2 ou 3 tours au volant.

Lorsque l'explosion s'est produite, le moteur se met en marche et l'on règle alors et le brûleur et les robinets d'air et de gaz de façon à obtenir une allure régulière.

Pour un moteur à compression :

1° On ouvre les graisseurs ;

2° On vérifie le fonctionnement de l'allumage ;

3° On ouvre le robinet d'arrivée au moteur et du brûleur ;

4° On allume le brûleur et l'on règle sa flamme ;

5° On ouvre très peu le robinet de gaz du moteur (ce robinet doit porter un réglage qui sert une fois pour toutes) ;

6° On ouvre le robinet de la conduite principale de façon à remplir la poche ;

7° Celle-ci remplie, on ouvre environ aux 3/10 le robinet de mise en train ;

8° On tourne très vivement au volant en agissant du haut en bas sur les bras et la jante.

Cette mise en marche ne s'opère pas toujours du premier coup; il faut alors recommencer, après avoir au préalable expulsé les gaz du cylindre.

Les manques peuvent provenir soit du mélange gazeux qui est trop riche en gaz, soit de l'allumage qui fonctionne mal; c'est en agissant sur ces points que l'on arrive à mettre en marche.

Remarque. — Il est bon d'ajouter que tous les moteurs demandent, pour être mis en marche, un tour de main, lequel ne s'attrape pas toujours dès la première fois, mais nécessite un peu d'habitude.

Arrêt.

Pour arrêter le moteur :

1° Fermer le robinet d'arrêt;

2° Interrompre l'allumage;

3° Fermer l'eau;

4° Fermer le compteur, ce qui est une mesure de précaution;

5° Fermer les graisseurs.

Précaution. — L'hiver, l'on doit vider l'eau de refroidissement contenue dans les tuyaux et dans l'enveloppe du cylindre, de peur qu'elle ne gèle et ne les fasse éclater.

Crachements. — Lorsqu'il y a des crachements aux soupapes, il faut les nettoyer et les roder.

Si le cylindre jette un cambouis noir, c'est que l'huile employée ne vaut rien.

Chocs. — Si des chocs se produisent, cela provient du desserrage des boulons de la tête de bielle ou de la bielle, ou du cylindre, ou des paliers; vérifier et resserrer.

Paliers. — Vérifier si les paliers ne chauffent pas; : chauffent, régler le graissage ou desserrer légèrement.

Emballement. — Si le moteur s'emballe, cela tient au régulateur qui est déréglé ou à l'arrivée de gaz qui est dérangée.

Coups de pétard. — En marche, il se produit parfois de bruyantes explosions dans les tuyaux d'échappement, cela provient du mélange gazeux qui, non brûlé par un raté, s'échappe dans le tuyau et s'y enflamme; ou bien parce que les soupapes fonctionnent mal — par suite d'encrassement ou de toute autre cause, — dans ce cas également le mélange s'échappe et s'enflamme dans l'échappement.

Si cela se produit très fréquemment, vérifier la distribution, et la nettoyer; si c'est une fois par hasard, c'est l'effet d'un raté.

Entretien. — Un moteur doit être démonté et nettoyé, au moins son cylindre et ses soupapes, une fois par mois; tous les six mois il est bon de vérifier le dressage des tiroirs et de roder les soupapes.

Pour nettoyer le cylindre on le retire et on le lave à l'essence minérale ou à la térébenthine; ou bien on le fait tremper dans de l'eau bouillante contenant du carbonate de soude ou de potasse. On l'essuie ensuite et on le replace en le graissant abondamment.

Pour les soupapes, on les nettoie, puis on les rode, avec un peu de potée d'émeri.

On vide ensuite le pot d'échappement.

Applications. — Le moteur à gaz, par son application sans restriction réglementaire dans toute habitation, est par excellence le moteur de la petite industrie, car ici le prix de revient est secondaire, vu qu'on évite un bâtiment spécial et par suite onéreux, lequel viendrait augmenter le prix de revient.

Il a de plus l'avantage de ne pas demander un ouvrier spécial affecté à son entretien, de n'avoir aucun combustible à loger, ni à manœuvrer, d'être mis en marche immédiatement et arrêté de même.

Ce sont une série d'avantages à considérer et qui arrivent, si on en tient compte, à le rendre économique.

Dans l'industrie, dès qu'il faut 5 à 6 chevaux, la machine à vapeur, malgré ses inconvénients, reprend sa supériorité économique.

Parmi les applications du moteur à gaz nous en étudierons une plus spécialement, celle de l'éclairage électrique.

Moteur et dynamo. — La conduite d'une dynamo par un moteur est presque un non-sens.

En effet, la dynamo est destinée à produire la lumière; or, que demandons-nous à celle-ci, c'est de nous éclairer et d'être fixe.

Pour que les lampes remplissent ces conditions, il faut que l'électricité leur arrive constamment sous les mêmes conditions de quantité et de tension ; si ces conditions varient, aussitôt la lumière danse et baisse, ce qui est d'un effet désastreux au point de vue de l'éclairage.

L'électricité étant envoyée aux lampes par la dynamo, celle-ci doit donc produire régulièrement et uniformément le courant électrique, chose qu'elle ne peut faire que si elle tourne d'une façon absolument régulière.

Ce n'est pas le cas avec un moteur à gaz ; celui-ci agissant par à coups, la dynamo opère de même, et, pour s'en convaincre, il suffit de regarder le voltmètre dont l'aiguille danse quelque peu la sarabande.

M. Witz dit à ce sujet :

« On a pu employer des moteurs à un cylindre pour actionner directement des dynamos en vue d'alimenter des lampes à arc, voire même des lampes à incandescence ; il vaut mieux employer des moteurs à deux cylindres, quand on veut faire de l'éclairage par incandescence. »

On accouple donc deux moteurs de manière à ce que leurs manivelles motrices soient parallèles, ce qui donne un coup par tour. La distribution s'opère alors par deux tiroirs conjugués disposés de manière à ce que l'admission dans un des cylindres coïncide avec la compression dans l'autre.

Pour remédier à ces inconvénients et faire tourner

aussi régulièrement que possible la dynamo, il faut :

1° Prendre une dynamo compound, si l'on n'a pas d'accumulateurs à charger ;

2° La munir d'un volant ;

3° Employer de préférence un moteur à gaz à deux cylindres, muni de deux puissants volants ;

4° Ne pas commander directement, mais avoir une transmission intermédiaire ; .

5° Ne pas tendre trop les courroies, les prendre larges et les laisser un peu lâches.

L'emploi d'accumulateurs comme volant d'électricité n'est pas une solution très acceptable dans beaucoup de cas, car elle demande des précautions particulières.

Nous ne croyons mieux faire, afin de ne pas être taxé de parti pris, que de reproduire ici un extrait de l'excellent ouvrage de notre camarade E. Cahen [1].

« Pour pouvoir employer des accumulateurs comme volant sans dispositif spécial, il est nécessaire d'effectuer un travail admettant des régimes de voltage différent, ce qui ne se présente que dans la très grande minorité des cas. Lorsqu'il s'agit de lumière électrique, cette solution est tout à fait inadmissible. »

On a proposé plusieurs moyens pour parer à cet inconvénient ; le premier consiste à faire tourner la dynamo à deux vitesses différentes, lentement pour l'éclairage direct, plus vite pour la charge des accu-

---

1. Émile Cahen, *Manuel pratique d'éclairage électrique.*

mulateurs. Ce procédé laisse à désirer, car si la dynamo est construite de manière à tourner à une certaine vitesse pour la charge des accumulateurs, son rendement sera diminué lorsqu'elle marchera plus lentement pour l'éclairage direct.

Un deuxième artifice consiste à caler sur un même arbre deux induits inégaux tournant entre les pôles des électros. Cette solution est meilleure, car, en établissant convenablement les deux portions de l'induit, on peut obtenir le rapport que l'on désire entre les forces électromotrices de la dynamo dans les deux régimes de marche.

M. Cadiat dit : « Les moteurs à gaz à un seul cylindre ne conviennent pas non plus pour cet usage ; la force motrice produite par l'explosion du gaz procède par coups brusques suivis d'un ralentissement. Pour obtenir un mouvement uniforme dans ce cas on doit munir le moteur d'un fort volant et ne pas trop tendre la courroie[1]. »

Les moteurs à deux cylindres donnent une vitesse uniforme et conviennent bien pour actionner les dynamos ; mais il est bon de prendre les précautions indiquées plus haut.

Il est également possible d'installer un jeu convenable de résistances, seulement pendant la marche de la dynamo.

Enfin, on peut intercaler dans le circuit des accu-

1. *Manuel pratique de l'électricien*, 1897.

mulateurs supplémentaires lorsque la dynamo s'arrête, de façon à égaliser les voltages, ou bien, ce qui revient au même, on peut brancher la canalisation de lumière en dérivation sur une partie seulement des éléments de la batterie, les accumulateurs supplémentaires étant mis en circuit, automatiquement ou non, au moment de l'arrêt de la machine.

C'est ce dernier procédé, le plus souple, qui est le plus fréquemment adopté. Dans tous les cas, il résulte de l'emploi des accumulateurs comme volants une perte de travail considérable, qui diminue notablement le rendement de l'installation. Il ne faut y avoir recours que lorsqu'on ne peut adopter une autre solution.

M. Witz dit dans son traité : « Les moteurs à quatre temps et à un cylindre ont pu eux-mêmes être appliqués à la commande des dynamos et l'on a abandonné pour le moment la recherche des moteurs à deux temps qui seuls, disait-on, convenaient à ce service. »

Des moteurs genre Otto, à un seul cylindre, pourvus d'un accouplement élastique Raffard, donnent un éclairage très fixe quand la puissance est proportionnée au travail qu'on leur demande, etc.

Il suffit, en général, d'augmenter la masse de la jante du volant et sa vitesse.

On voit par cette série de solutions que le problème se pose toujours, et j'ajouterai que l'emploi de la batterie d'accumulateurs est un artifice très coûteux et très délicat.

Usines à gaz productrices d'éclairage électrique. — D'assez nombreuses usines à gaz sont devenues usines productrices d'électricité en employant comme moteur le moteur à gaz.

Elles l'ont fait pour plus d'une raison :

1° Pour garder un monopole qui allait leur échapper;

2° Parce que le gaz produit leur coûte bien moins cher que le prix qu'elles le vendent aux particuliers et qu'elles tirent un bénéfice des sous-produits résultant de la fabrication du gaz.

Ces deux premières causes sont capitales, mais une troisième vient encore à leur aide, c'est que cela aide à la vulgarisation des moteurs à gaz.

Dans ces grosses installations faites avec tous les soins nécessaires, de fortes batteries d'accumulateurs, et la puissance divisée en un certain nombre de moteurs, et l'électricité envoyée à distance, les inconvénients d'une petite installation disparaissent.

Il y a d'ailleurs, au point de vue de l'éclairage, économie à employer le gaz en force motrice produisant de l'électricité, au lieu de l'employer directement ; en effet : l'on évalue la production de la carcel à une dépense de :

140 litres de gaz par bec papillon ;

105 litres de gaz par bec Bengel ;

60 ou 75 litres de gaz par lampes récupératrices;

50 litres de gaz par transformation électrique par incandescence;

30 litres de gaz par bec Auer;

6 litres de gaz par arc électrique.

L'on voit que la transformation donne un avantage de 20 pour 100 sur la puissance de l'éclairage dans le cas du bec papillon ; avec le bec Auer l'avantage disparaît, celui-ci procurant 50 pour 100 d'économie sur la transformation, mais l'électricité retrouve son avantage par l'emploi de l'arc qui ne coûte que le 1/5 du bec Auer.

Nous ne tenons compte ici que de la dépense de gaz ; mais il faudrait faire entrer en ligne de compte l'achat du moteur, de la dynamo, sa marche et son amortissement.

C'est un calcul à faire pour chaque cas ; pour une assez forte installation l'économie peut être notable, pour une petite elle ne le serait pas.

II

MOTEURS A PÉTROLE.

Le Pétrole et ses applications aux moteurs. — Le pétrole ou huile minérale est un liquide d'apparence huileuse que l'on retire des entrailles de la terre et qui se trouve très abondamment en Russie à Bakou et au Caucase, en Amérique, particulièrement aux États-Unis ; l'on en trouve également au Canada. et dans l'Amérique du sud, dans l'Équateur, l'Argentine et le Pérou. En moins grande quantité en Europe où des gisements existent en Autriche, Italie, Roumanie, Hanovre, Espagne, en France, en Alsace et en Auvergne.

Les sources de pétrole, malgré leurs énormes débits journaliers, paraissent intarissables.

Composition chimique. Variétés. — L'aspect du pétrole brut ainsi que sa composition varie avec son origine ; c'est un mélange de carbures d'hydrogènes ($C^{2n} H^{2n}$) en proportions très variables, qui donnent au raffinage toute une série de carbures et en particulier des produits de densité de 750 à 850 dési-

10

gnés sous le nom de *pétrole* ou d'*huiles lampantes*, dont la couleur varie du jaune clair au jaune rouge et dont l'aspect est incolore pour certains d'entre eux.

Les produits de la distillation sont, par ordre de production [1] :

DÉSIGNATION.	Température de la distillation.	DENSITÉ.	Température à laquelle il émet des vapeurs inflammables.	REMARQUES.
Rhigolène.........	30°	0,623 à 0,653	Très inflamm.	
Gazoline..........	60° à 96°	0,650 à 0,700	En dessous de 0°	Mélangé à l'air est explosif.
Benzine..........	96° à 140°	0,700 à 0,745	Ent. 0 et + 5°	
Essence minérale..	141° à 150°	0,730 à 0,750	+ 5°	
Huile lampante....	150° à 170°	0,790 à 0,810	+ 45°	Une allumette enflammée s'éteint.
Huile redistillée...	. . . . . .	0,790 à 0,798	+ 49°	

Huiles lampantes américaines.

DÉSIGNATION.	Température de la distillation.	DENSITÉ.	Température à laquelle il émet des vapeurs inflammables.	REMARQUES.
Standard.........			43°,3	—
Royal Daylight....		Entre	49°	—
Austral Oil.......	150° à 170°	0,800 à 0,820	52°	—
Headlight et Dew-drop...........			65°	—

Huile lampante russe.

DÉSIGNATION.	Température de la distillation.	DENSITÉ.	Température à laquelle il émet des vapeurs inflammables.	REMARQUES.
Nobel de Bakou..	. . . . . .	0,800 à 0,810	67°	10 p. 100 plus éclairante que les précédentes.

1. Tableau extrait de l'ouvrage l'*Incendie* de M. Félicien Michotte.

Droits de douane : Angleterre et Belgique.   Néant.

   —   Hollande.............   1,17 par 100 kilogr.

   —   Suisse   1,25   —

   —   Italie...............   4 »   —

   —   Allemagne..........   7,60   —

   —   France..............   20 » plus octroi.

   —   Paris, douane et octroi.   45f 41 en total.

Ces produits, dans leurs applications aux moteurs, peuvent se diviser en trois catégories :

1° Les pétroles légers connus sous le nom de gazoline ou d'essence minérale ;

2° Les pétroles ordinaires ou huiles lampantes ;

3° Les pétroles lourds.

Pétrole léger. — Sous ce nom l'on désigne certains des produits désignés ci-dessus qui, comme la gazoline ou les essences de pétrole, sont volatils à froid et peuvent, par la saturation par l'air de leurs vapeurs, constituer un mélange combustible possédant un pouvoir calorifique suffisant pour produire la force motrice.

Il faut remarquer que, sous le nom de gazoline ou bien d'essence minérale, l'on vend dans le commerce les produits désignés sous les quatre premiers noms dont la densité varie de 0,623 à 0,750 ; ces corps sont, par leur inflammabilité, d'un maniement dangereux.

Huiles lampantes. — Connues commercialement sous le nom de pétrole, elles comprennent tous les produits de densité de 800 à 850° qui sont couramment employés pour l'éclairage.

Ces huiles ne sont pas vaporisables à froid, l'on doit donc avoir un appareil porté à une certaine température qui permette leur mélange intime à l'air, ou les faire arriver par parties fractionnées dans le cylindre moteur.

Huiles lourdes. — Sous ce nom, l'on désigne assez souvent les huiles lampantes ci-dessus, cela pour deux raisons : la première, par comparaison avec les huiles légères et aussi pour jeter une confusion avec les huiles de schiste ; ce nom d'huile lourde devrait être réservé aux pétroles de densité au-dessus de 850 et aux huiles de schiste.

Mode d'emploi. — Le mode d'emploi de ces produits est différent. Alors que les huiles légères s'emploient en les mélangeant directement à l'air, par simple contact, les secondes sont pulvérisées ou envoyées par faible quantité dans le cylindre, soit à froid, soit avec l'aide de la chaleur, et les huiles lourdes de schiste doivent, pour être employées, subir une véritable distillation dans un carburateur spécial porté à haute température.

Chaleurs de combustion,
d'après Sainte-Claire Deville, Robinson et Gab Lombard.

Pétrole lourd de Pensylvanie 0,886...................	10.680	cal.
— Virginie........................	10.102	—
— Russe 0,884....................	12.650	—
— — 0,938....................	10.750	—
— Bakou 0,938....................	11.200	—
— — 0,928....	10.760	—

Rendement des huiles de pétrole
dans les moteurs (Exp. de M. Robinson).

	ROYAL Daylight.	PHARE.	RUSSOLINE.	RUSSIAN Lustre.
Densité à 15°,5 centigrades............	0,811	0,810	0,824	0,825
Point d'éclairage.....	24°,5	63°,7	27,8	
— d'ébullition....	144°	165°	151°	
Tours par minute....	212	212	204	211
Horse-power effectifs.	7,05	7,50	6,76	6,90
Consommation par horse-power (70 kgm.) effectif et par heure..	418 gr.	425 gr.	434 gr.	448 gr.
Prix du litre en Angleterre..........	9,9 c.	10,7 c.	8 c.	7,15 c.
Dépense par horse-power effectifs heures.	5 c.	5,7 c.	4 c.	6,9 c.
Utilisation en travail effectif...........	14,0 0/0	14,4 0/0	14 0/0	18,72 0/0

Historique des applications. — Dans cette catégorie nous comprendrons les moteurs appelés quelquefois, improprement à notre avis, moteurs à air carburé ou plus exactement moteurs à gazoline. Ces moteurs furent les premiers en effet à avoir comme producteur de la puissance *un pétrole;* et que l'on fasse passer de l'air dans un pétrole, ou bien que l'on envoie séparément l'air et le pétrole que l'on réunit ensuite dans une cavité, le résultat final obtenu est exactement le même, ce n'est qu'une affaire de dispositif pour opérer le mélange.

10.

Cette désignation à *air carburé,* ou à *gazoline,* cette dernière qualification aurait été plus exacte, est aujourd'hui abandonnée pour celle de moteurs à *pétrole léger;* ce qui est l'exact qualificatif à employer.

L'idée du moteur à pétrole était ancienne, mais ce ne fut qu'en 1873 qu'un Viennois, M. J. Hock, prit un brevet et construisit la première machine motrice fonctionnant à l'aide des hydrocarbures du pétrole. Le gaz moteur était produit par le passage d'un courant d'air à travers un hydrocarbure léger; l'air, au contact de l'hydrocarbure, se charge de ses vapeurs, il devient inflammable et explosif et, par conséquent, peut agir de la même façon que le gaz d'éclairage; avec cet avantage qu'il est produit sur place, par la machine elle-même.

C'est cet avantage qui a amené le développement de ces moteurs et leur application dans les campagnes.

Le moteur de Hock était, comme rendement, comparable au premier moteur à gaz, c'est-à-dire très mauvais, il dépensait 750 centimètres cubes d'hydrocarbure par cheval et par heure.

En Amérique, le premier brevet fut pris un an plus tôt, en 1872, mais la première machine ne fonctionna qu'en 1876, ce fut le *Ready-Motor* de Brayton.

Son fonctionnement était différent de celui de la machine de Hock, il employait du pétrole lourd; l'air injecté par une pompe traversait une matière imprégnée de pétrole et arrivait au contact d'une toile métallique, de l'autre côté de laquelle il s'enflammait et brûlait suivant une combustion continue.

Ce n'était donc pas le moteur à explosion et à compression actuel, mais un moteur à combustion continue, dans lequel le piston se meut par suite de la dilatation continue du gaz.

Ce moteur ne dépensait que 275 grammes d'huile lourde par cheval et par heure.

Ces moteurs à pétrole n'eurent pas grand succès à cette époque et ce ne fut qu'en 1885 qu'apparut au concours agricole de Paris un nouveau moteur à pétrole, dû à l'invention de Lenoir.

C'était le moteur Lenoir à gaz auquel on avait ajouté un carburateur formé par un cylindre horizontal placé au-dessus du moteur, lequel renfermait de la gazoline et était traversé par un courant d'air.

Ce moteur fut assez remarqué, mais, à ce moment, l'attention de l'agriculteur, toujours quelque peu méfiant, surtout pour ce qui est de la mécanique, n'alla pas plus loin et il n'eut qu'un succès de curiosité.

Ce moteur employait de la gazoline ou éther de pétrole; après lui, vinrent les moteurs Durand et Tenting de Paris; le moteur allemand de Daimler, grâce auquel l'automobilisme prit un si rapide essor en France.

La gazoline est, par son inflammabilité, dangereuse à manœuvrer et coûteuse; aussi les frères Diederich (France) entreprirent-ils de construire un moteur employant des pétroles lourds pesant plus de

800 et même des huiles lourdes de schistes qui ont, outre l'avantage de leur bas prix, celui de n'offrir aucun danger dans leur maniement.

Ils réussirent et créèrent le moteur connu sous le nom de moteur « Sécurité », dans lequel l'huile lourde est distillée à l'aide d'un carburateur spécial chauffé par les gaz de l'échappement.

Ce moteur, d'apparence compliquée, est l'un des meilleurs qui aient été conçus, tant comme construction que comme marche.

La dépense est de 250 grammes d'huile par cheval et par heure.

A la même époque parut le moteur belge de Ragot qui emploie l'huile lampante de pétrole pesant 800 à 850 gr. le litre ; le pétrole est pulvérisé et envoyé avec l'air dans une chambre chauffée par l'échappement. Dépense 400 litres.

En 1880, les moteurs à pétrole furent peu nombreux, et ce n'est guère que depuis ces cinq dernières années, que ce moteur s'est révélé ; les concours agricoles de Paris à la suite de 1880 ne renfermaient guère qu'un ou deux moteurs présentés timidement ; puis ce nombre se trouva augmenté par l'arrivée de moteurs anglais ; le concours de Meaux en 1894 poussa l'activité des constructeurs et cette activité ne fait que s'accroître depuis cette époque ; aussi les constructeurs sont-ils légion actuellement.

Tableau des consommations de pétrole par cheval et par heure

1873 Hoch.....................	750 c. c. de gazoline.	
Brayton (Heady-Motor)....	275 c. c. d'huile lourde.	
1878 Diederichs (Sécurité)......	400 gr. d'huile de schiste.	
1879 Ragot...................	400 gr. de pétrole.	
1897 Diesel..................	240 — —	

ÉTUDE DES MOTEURS. — Nous diviserons l'étude des moteurs à pétrole en trois catégories, suivant le pétrole employé ; nous aurons donc :

1° Les moteurs à gazoline ;

2° Les moteurs à huiles lampantes ;

3° Les moteurs à huiles lourdes et huiles de schistes.

Moteur à gazoline. — Le moteur à gazoline a été, comme nous l'avons vu précédemment, le premier moteur utilisant le mélange d'air et de pétrole léger employé pour l'éclairage sous le nom de gaz économique.

Ce genre de moteur a été abandonné, le jour où sont apparus les moteurs utilisant les huiles lampantes.

Dans toutes les applications, le principe est le même : charger de vapeurs de pétrole un volume d'air déterminé d'une façon aussi uniforme et régulière que possible ; ce mode d'opérer présentait une certaine régularité et beaucoup plus de sécurité.

Ce genre de moteur était tombé dans l'oubli, ou à peu près, lorsque l'automobilisme est venu lui donner une série de nouvelles applications.

Moteurs à huile lampante. — Dans ces moteurs, l'on peut dire les moteurs actuels, car la gazoline est abandonnée sauf pour l'automobilisme, l'on emploie les huiles de 800 à 840, et l'on y retrouve, au point de vue mécanique, le moteur à gaz ordinaire et à quatre temps auquel l'on ajoute un carburateur, qui est ici appelé avec raison vaporisateur et auquel est presque toujours adjoint un pulvérisateur destiné à envoyer le pétrole pulvérisé et à favoriser sa vaporisation.

Moteurs à huiles lourdes ou huiles de schistes. — Ces moteurs sont analogues aux précédents dans l'ensemble mécanique, ils ont comme eux le carburateur ; mais comme ils emploient des huiles de densité 850 à 890, ils sont plus puissants ; et leur avantage sur les précédents est d'être plus économiques.

Disposition générale. — Ces moteurs sont identiques aux moteurs à gaz précédemment décrits et beaucoup d'entre eux ne diffèrent que par l'adjonction du carburateur et par l'allumage.

Carburateurs.

Carburateur à gazoline de Mignon et Rouart. — Le premier carburateur mis en application fut celui de Mignon et Rouart adapté au moteur Lenoir.

Il se composait d'un cylindre rotatif muni de cloisons verticales ; ces cloisons étaient alternativement vides et remplies d'étoupes imbibées de gazoline, un appel d'air force celui-ci à traverser l'ensemble et à se saturer de gazoline (fig. 47).

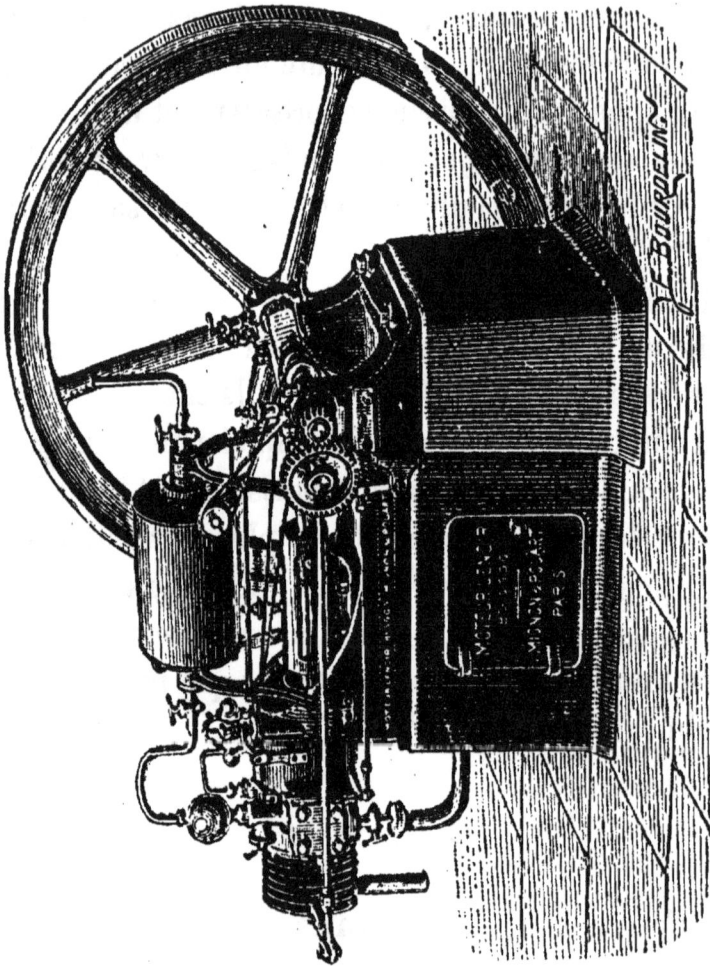

Fig. 47. — Moteur Lenoir avec son carburateur.

Ce dispositif fut modifié, les étoupes perdant très rapidement leur propriété absorbante, et fut remplacé par des godets attachés à la paroi et formant une pluie de gazoline que traverse l'air.

En payant la gazoline 0,50, le cheval-heure revient à 0,32. Ce dispositif a eu diverses modifications.

M. Pieplu fait barboter un rouleau de bois muni de poils de sanglier dans le liquide. 450 gr. de gazoline donnent 1me de gaz.

MM. Delamare et Malandin ont inventé un dispositif à brosse verticale arrosée par courant d'eau chaude destinée à favoriser la volatilisation du carbure.

Carburateur Tenting. — Formé de trois caisses superposées : la première contient le pétrole, lequel passe à l'aide d'un tube dans la seconde caisse où il prend un niveau déterminé ; les gaz de l'échappement passent dans la troisième et chauffent le liquide contenu dans la seconde.

Carburateur Faignot. — A caisse également divisée par des cloisons poreuses qu'un jeu de robinets permet d'ouvrir successivement de façon à maintenir constante d'une manière méthodique la richesse du gaz ; il a été appliqué aux moteurs Bénier.

Carburateur Durand. — Il est automatique ; il est formé par un récipient cylindrique rempli de pétrole, à la surface duquel flotte un macaron en liège au milieu duquel arrive l'air qui s'imprègne de pétrole.

Ce dispositif permet l'emploi de l'essence.

Carburateur pour huile lampante.

Carburateur Brayton. — Le type du carbura-

teur pour huile lampante est le carburateur Brayton ;
son principe est le suivant : l'air comprimé traverse
avant d'arriver au cylindre un espace rempli de matières diverses, feutre, laine, éponge, arrosé de pétrole
à chaque tour, à l'aide d'une pompe ; l'air se charge de
fins globules de pétrole et peut être facilement enflammé. C'est une sorte de pulvérisation du pétrole.

Carburateur Ragot. — Il agit par volatilisation
et est formé de deux cônes en cuivre emboîtés entre
lesquels coule un filet d'huile de pétrole en même
temps qu'y arrive une petite quantité d'air ; cet espace
est chauffé par le gaz de la décharge ; le pétrole se
vaporise et est aspiré par le cylindre ; sur son chemin,
il se mêle avec de l'air également chauffé.

Carburateur à huiles lourdes. — Les huiles
lourdes, vu leur point élevé de vaporisation, demandent
des carburateurs spéciaux, très fortement chauffés.

Carburateur Meyer. — Ce carburateur est
formé par une chaudière en tôle d'acier, chauffée à
l'aide d'un bec spécial, dans laquelle le pétrole tombe
goutte à goutte ; la vapeur se rend à travers un injecteur d'air dans un gazomètre spécial relié au cylindre ;
dès que celui-ci est plein, des leviers arrêtent l'écoulement du pétrole et réduisent la flamme.

Le règlement de celle-ci permet de vaporiser toutes
espèces d'hydrocarbures, gazolines ou huiles lampantes
ou lourdes.

Carburateur Rouillé. — Construit sur les
mêmes principes que le précédent.

Carburateur Diederichs. — Ce carburateur est formé par un corps cylindrique fermé à ses deux extrémités et portant en son centre un tube de cuivre, lequel est muni à sa partie supérieure d'une gouttière dans laquelle aboutit un tube amenant le pétrole; sur le devant du corps cylindrique se trouve une trappe de rentrée d'air, réglable à la main.

Dans le tube central passe le gaz d'échappement, il se trouve par suite porté à une haute température; à son contact le pétrole qui déborde de la gouttière s'écoule le long du tube et se volatilise au fur et à mesure qu'il descend; il rencontre des parois à température plus élevée et ses parties lourdes se volatilisent à leur tour.

L'aspiration du cylindre appelle ces gaz et l'air qui entre par la trappe; sur leur parcours des toiles métalliques empêchent tout entraînement de liquide. Ce carburateur est très simple, très facilement nettoyable et utilise les pétroles de 800 à 830 et les schistes d'Autun de 800 à 815.

Carburateur Niel. — Cet appareil est formé par une petite chaudière en fonte garnie intérieurement d'ailettes; le pétrole contenu dans un réservoir placé à 2 mètres au-dessus du carburateur y arrive par la partie supérieure et, tombant sur une trémie, arrose les ailettes; celles-ci étant chauffées par une lampe spéciale dont la flamme entoure la chaudière et l'enveloppe protectrice dont celle-ci est garnie.

L'air arrive par une soupape automatique dans une

cavité placée au-dessus du vaporisateur, se mêle aux vapeurs de pétrole, et le mélange se rend dans une boîte de distribution spéciale.

Sur le tube d'arrivée de pétrole est branché un second tube qui amène le pétrole nécessaire à alimenter la lampe de chauffe de la chaudière.

Fig. 48. — Moteur Priestmann.

Carburateur Priestmann. — Ce carburateur se compose de deux parties (fig. 48) :

1° Un pulvérisateur ;

2° Un vaporisateur.

Le pulvérisateur est formé par un ajutage spécial venant déboucher sur un second disposé en sens inverse ; par le premier arrive le pétrole et entre les deux arrive de l'air légèrement comprimé à 0,05 ; il y a pulvérisation du pétrole qui est entraîné dans le vaporisateur en même temps que l'air comprimé qui y arrive par une série de petites ouvertures.

Le vaporisateur se compose d'un cylindre en fonte à double enveloppe dans laquelle circulent les gaz de l'échappement, ce qui le chauffe ; il porte à l'une de ses extrémités le pulvérisateur.

L'arrivée de pétrole et d'air est réglée par un robinet mené par le régulateur. La pression du vaporisateur est constante, ainsi que la composition du mélange.

Allumage et inflammation.

Inflammateur Diederichs. — Il comprend trois parties :

1° Un réservoir à essence ;

2° Une aiguillette, compte-goutte, qui sert à régler l'arrivée d'essence ;

3° Une boîte d'allumeur.

La boîte d'allumeur est en fonte, elle porte au centre un chalumeau dans lequel arrivent de l'essence et de l'air sous pression, lequel entraîne et pulvérise l'essence ; celle-ci allumée vient frapper sur une capsule de platine en forme de dé qui ferme le fond de la boîte d'allumage et pénètre dans le fond du cylindre.

Cette capsule est au bout de très peu de temps portée au blanc sous l'influence de la température du jet d'essence et d'air comprimé.

Ce chalumeau fonctionne très bien et ne donne aucun raté; sa mise en marche se fait à la main avec une pompe spéciale, et, une fois en marche, l'air lui arrive d'un réservoir où une pompe latérale le comprime.

Allumage par tube incandescent. — L'emploi du tube en fer ou en porcelaine trouve sa place dans ces moteurs avec ses qualités.

Allumage électrique. — L'allumage électrique est très peu employé (Priestmann), il y est en effet encore moins à sa place que dans le moteur à gaz Lebon.

Allumage par chambre de vaporisation et d'explosion. — Sur le fond du cylindre se trouve placée une boîte en fonte munie intérieurement de nervures laquelle est portée au rouge et communique par un étroit conduit avec le cylindre.

Dans cette chambre arrive le pétrole qui se vaporise au contact des parois; l'air arrive appelé par le piston.

Lors du refoulement, le gaz s'y trouve comprimé, et au contact des nervures incandescentes il s'enflamme et réchauffe les parois.

Ce système est simple, mais il a deux inconvénients :

Le premier, lors de la mise en marche. Il faut porter la chambre au rouge à l'aide d'un réservoir spécial dans lequel brûle de l'essence minérale sous l'action d'un courant d'air comprimé envoyé par une pompe à main; cette manœuvre dure environ 10 minutes et est assez fatigante.

Le second est que, en cas de ralentissement du moteur, les explosions sont moins nombreuses et moins violentes ; la chambre se refroidit et fonctionne mal au moment où elle devrait donner le maximum ; au bout de peu de temps elle ne fonctionne plus et l'on doit remettre en marche.

Il en est de même si toute la force produite par le moteur n'est pas utilisée.

Pour y remédier, on place parfois une lampe et un ventilateur, c'est alors une complication et une dépense. Ce système a été employé sur nombre de moteurs dans ces derniers temps ; c'est à notre avis un engouement qui ne durera pas ; un dispositif un peu plus compliqué et plus sûr est meilleur, surtout pour un moteur qui *ne doit pas être surveillé*.

MOTEURS A GAZOLINE.

Les moteurs à gazoline, qui paraissaient abandonnés à tout jamais, ont repris tout à coup un essor inattendu par leur emploi dans l'automobilisme.

La première application d'un moteur à une voiture fut faite par un Allemand, M. Daimler. Cette idée, mise en pratique et perfectionnée d'abord par l'ingénieur des Arts et Manufactures Levassor, puis par les frères Peugeot, qui modifièrent et perfectionnèrent le moteur primitif de Daimler, prit rapidement un grand essor.

Cet essor devient considérable avec l'invention du moteur connu sous le nom de son constructeur, le moteur de Dion, et s'accroît tous les jours.

Aujourd'hui ces moteurs sont légion ; mais presque tous, pour ne pas dire tous, ne sont que des copies plus ou moins heureuses du moteur Levassor, le Phénix ou du de Dion.

Copies souvent peu heureuses, dans lesquelles l'on n'a cherché qu'à arriver aux mêmes résultats que ceux que l'on copie en modifiant la construction ou la place des organes, mais dans lesquelles la théorie ou même la pratique a été le moindre des soucis — et pour cause — des inventeurs. Aussi, quand on a étudié le moteur Phénix et le de Dion, a-t-on une étude aussi complète que si on les avait étudiés tous.

Nous nous bornerons donc à étudier ces deux moteurs et a signaler un moteur nouveau, le moteur Maillary, qui, bien qu'inspiré du de Dion, en diffère par plusieurs points et donne 4 chevaux au frein.

Moteurs horizontaux ou verticaux. — Les moteurs peuvent être *horizontaux* ou *verticaux* suivant que l'axe du cylindre est horizontal ou vertical.

Les moteurs *horizontaux* ont un léger défaut : le piston a tendance à user le cylindre suivant la portion sur laquelle il repose ; malgré cela ils sont assez employés.

Les moteurs *verticaux* sont également employés, quelques-uns d'entre eux sont inclinés par rapport à la verticale.

Moteurs accouplés. — Souvent les moteurs sont couplés, les deux bielles motrices viennent attaquer un même arbre.

Cette disposition a pour but d'avoir des moteurs moins puissants dans leurs organes et d'obtenir un *coup moteur* par *chaque tour* de l'arbre, au lieu de *un* sur *deux* tours si l'on n'avait qu'un seul moteur.

Ces moteurs s'accouplent par 2, 3 et 4.

Admission. Échappement. — *L'admission et l'échappement* sont produits par la levée de soupapes montées sur tiges munies de ressorts.

La soupape d'admission s'ouvre généralement sous l'influence de l'aspiration produite par le cylindre, celle d'échappement se soulève par une came, des ressorts les ramènent à leurs positions primitives.

Carburation. — La production du mélange d'air et de vapeur a reçu pour ces moteurs le nom spécial de *carburation*.

La carburation est l'un des points délicats de la marche de ces moteurs, car, pour *exploser,* les rapports respectifs de l'air et des vapeurs d'essence doivent être nettement déterminés.

Or ces rapports ne se trouvent que par l'expérience et ils varient, l'on peut dire, à chaque instant, suivant que l'essence est plus ou moins volatile. L'essence d'un même bidon est moins volatile au fond du bidon qu'à la surface, ou si elle a été plus ou moins exposée à l'air, ou encore suivant la fabrication.

L'air lui-même varie et est plus ou moins chaud, plus ou moins sec, ou plus ou moins humide.

La température du moteur intervient; un moteur échauffé part plus facilement qu'un moteur froid.

Toutes ces considérations interviennent et font varier à chaque instant la carburation et la rendent très délicate.

Puissance de ces moteurs. — La puissance de ces moteurs est comprise d'après les constructeurs entre un cheval (0,75 poncelet) et 4 chevaux (2 poncelets); mais c'est là une indication purement quelconque, car les essais au frein donnent des résultats de 50 p. 100 plus faibles que ceux annoncés.

Un moteur de 1 cheval 3/4 donne moins d'un cheval à toute vitesse.

Vitesse et consommation. — La vitesse est généralement bien plus considérable que dans les moteurs ordinaires et elle varie entre 800 et 3.000 tours.

La consommation est inconnue et est très considérable, c'est d'ailleurs le cas de tous les petits moteurs.

Essence. — L'essence à employer ne doit pas peser plus de 710°; la vérifier vous-même en l'achetant[1]; faites remplir vos réservoirs sous vos yeux, avec l'essence que vous avez vérifiée; la passer à travers un linge fin en la versant. Si elle est contenue dans de vieux bidons sales ou à huile, ne pas l'accepter.

Si de l'essence a été renversée, attendre quelques instants, afin qu'elle s'évapore avant d'allumer les brûleurs.

---

[1]. Note extraite des *Connaissances pratiques pour conduire les automobiles*, de M. Félicien Michotte.

11.

Précautions à prendre pour manœuvrer la gazoline. — Il faut, en conséquence de la *volatilité* et de *l'inflammabilité* de la gazoline, la conserver en bidons métalliques *soigneusement fermés;* placer ces bidons loin de toute source de chaleur.

Avoir soin, *lorsqu'on emplit ou que l'on vide les réservoirs,* de le faire loin de *toute flamme* et sans avoir à la *bouche ni pipe, ni cigarette.*

Plusieurs automobiles ont été complètement *brûlées* par l'imprudence de ceux qui en remplissaient les réservoirs, ayant une cigarette à la bouche ; ce qui, en plus, a mis le feu au bâtiment.

L'on doit également veiller à la parfaite étanchéité des réservoirs ; et, lorsqu'on les remplit, ne pas en verser à côté, car la gazoline s'enflamme aux brûleurs et fait fondre les soudures des réservoirs ; il est déjà arrivé de la sorte plusieurs accidents, où la voiture brûla en marche sans que son conducteur s'en aperçût.

La disposition du moteur et du réservoir à l'avant de la voiture constitue, à ce point de vue, une sécurité.

Remarque. — En cas d'incendie, ne pas chercher à éteindre la gazoline en feu avec de l'eau, mais employer de la terre, du sable fin, du plâtre ; n'employer l'eau que lorsque la gazoline est brûlée [1].

Carburateurs. — La carburation a nécessité la

1. Dans ces moteurs l'on a pris l'habitude de désigner à tort la gazoline sous les noms de motonaphte, motonaphta, vaporine, stelline et tutti quanti, qui ne signifient rien et ne servent qu'à faire croire que ce produit n'est pas dangereux de maniement comme si on l'appelait gazoline ou essence minérale.

création d'appareils nouveaux. Ces appareils sont de
deux sortes : les carburateurs à barbotage (type de
Dion) et les carburateurs à pulvérisation (types
Panhard, Longuemare, etc.).

Les carburateurs à barbotage sont simples, car ils
se composent uniquement d'un réservoir contenant
l'essence et dans lequel arrive l'air ; ils présentent
l'inconvénient que les parties légères de l'essence se
vaporisent les premières et que les parties lourdes restent au fond de l'appareil et sont difficilement utili-
sables.

Les carburateurs à pulvérisation sont plus com-
pliqués et plus délicats de réglage, mais ils ont
l'avantage que toute l'essence est employée sans avoir
la séparation qui se produit avec les premiers ; ils tendent actuellement a être plus employés que les précédents.

Refroidissement. — Le refroidissement des
moteurs de puissance indiquée inférieure à 2 chevaux
(1 poncelet 5) est par ailettes circulaires ; le Maillary qui a ce système atteint cependant une puissance de 4 chevaux. Certains constructeurs, voulant
faire autrement que les autres, font les ailettes en
long, ce qui ne sert à rien, si le moteur est vertical.
Pour que les ailettes fonctionnent, il faut que l'air
passe librement entre elles ; un moteur vertical à
ailettes verticales ne vaut rien, de même, avec les
ailettes en long si le moteur est placé horizontalement
et perpendiculairement à l'axe de la voiture ; il en est

de même encore si l'on place horizontalement et suivant l'axe de la voiture un moteur à ailettes circulaires.

Les autres moteurs sont à refroidissement par circulation d'eau.

Allumage. — L'allumage est obtenu soit par incandescence, soit par l'électricité.

Incandescence. — L'incandescence a lieu par un
tube de platine porté au blanc à l'aide d'un bec ou
brûleur spécial à essence (Moteur Phénix).

Électricité. — L'allumage électrique est obtenu
à l'aide de piles ou d'accumulateurs produisant une
étincelle au moyen d'un organe spécial, « la bougie »,
dû au moteur de Dion (voir le moteur).

Le courant est *discontinu* et l'étincelle n'éclate dans
le cylindre qu'au moment où le courant est lancé par
un organe appelé *trembleur* ou *interrupteur,* lequel est
manœuvré par le moteur même.

Principaux moteurs employés en automobilisme.

CONSTRUCTEURS.	NOMBRE de CYLINDRES.	POSITION.	MODE D'ALLUMAGE.
De Dion	1	Vertical.	Électrique.
Landry et Beyroux	1	Id.	Id.
Audibert et Lavirotte	1	Horizontal.	Id.
Bollée	1	Id.	Incandescence.
Clément...............	1	Id.	Id.
Benz	1 ou 2	Id.	Électrique.
Daimler	2	Légèrement inclinés.	Incandescence.
Phénix (Panhard)........	2	Verticaux.	Id.
Lepape.................	2	Id.	Électrique.
Elan..................	2	Id.	Id.
Peugeot...............	2	Horizontaux.	Incandescence.
Gautier-Wehrlé.........	2	Id.	Id.
Gladiator...............	2	?	Id.
Century...............	2	Id.	Id.
Pygmée.................	2	Id.	
Mors.................	4	2 à 2 à 45°.	Électrique.
Maillary	1	vertical	Électrique.

Moteur Daimler. — Moteur à quatre temps, de petit volume sous une grande puissance, du type vertical à pilon et à deux cylindres.

Les deux cylindres sont légèrement inclinés par rapport à la verticale, les pistons attaquent directement par bielles deux plateaux manivelles dont les boutons sont à 180°.

Chaque piston porte au centre une soupape. Tout le moteur, y compris le volant, est enfermé dans une caisse-étanche, pourvue d'une soupape automatique, la mettant en communication avec l'extérieur.

Lorsque le piston monte, la soupape extérieure s'ouvre, l'air arrive et reste dans la caisse ; à la descente le piston comprime cet air, lequel, lorsque la soupape du piston s'ouvre sous une fourchette, passe de l'autre côté du piston et chasse les gaz brûlés de l'explosion. L'un des cylindres aspire, tandis que l'autre reçoit l'explosion motrice.

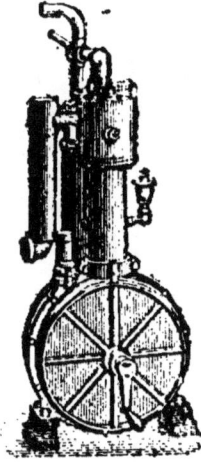

Fig. 49.

Dans la caisse se trouve un bain d'huile dans lequel tourne le plateau-manivelle et dont les projections graissent le piston.

Le carburateur est spécial, le moteur est très réduit et très bien conditionné ; il a, grâce à sa forte puissance, son faible poids et son petit volume, donné, comme je l'ai dit précédemment, naissance à l'automobilisme.

Moteur Phénix. — Le moteur Phénix est le perfectionnement du précédent, c'est un moteur vertical à double cylindre et à 4 temps ; les deux bielles sont portées par un arbre coudé placé dans le carter.

Il porte à l'endroit des pistons une double enveloppe pour la circulation d'eau et à la partie supérieure une chambre de combustion, renfermant sur un côté les soupapes automatiques d'admission.

Sur l'un des côtés du moteur se trouvent placés dans une boîte métallique les tubes en platine nécessaires à l'inflammation et les brûleurs ; de la partie latérale de cette boîte part un gros tube de cuivre destiné à conduire l'air chaud au carburateur.

En dessous de cette boîte se trouve placé sur cha-

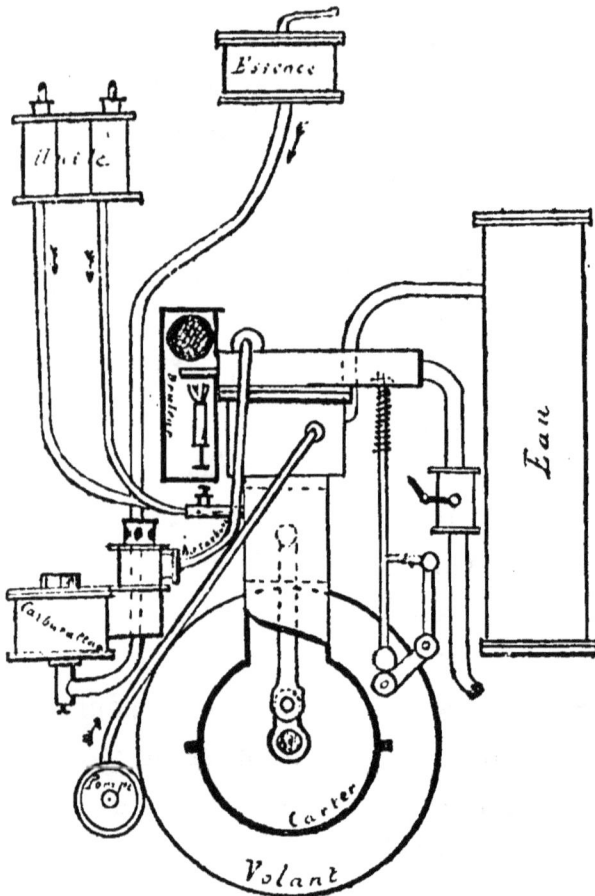

Fig. 50.

que cylindre un godet muni d'une soupape automatique et recevant latéralement un tube de cuivre amenant l'huile au piston.

Latéralement à l'arbre moteur, se trouve placé un

second arbre, actionné par l'arbre moteur à une vitesse moitié de celui-ci, à l'aide d'engrenages. Cet arbre porte un volant en fonte muni d'une masse métallique rattachée par ressort; il porte trois cames, dont deux sont fixes et la troisième mobile sous l'action du régulateur. Ces cames se présentent sous les tiges des soupapes; entre ces cames et les tiges viennent se placer des leviers horizontaux, terminés par une partie droite s'appliquant sur l'extrémité des tiges et portant à leur autre extrémité, pivotant sur un arbre, un levier à genouillère devant lequel se présente la came mobile.

La came mobile rencontrant ce levier fait tourner l'arbre et les petites bielles qui s'y trouvent rattachées poussent le butoir et font manquer de touche à la tige, laquelle, n'étant pas soulevée, empêche l'échappement de se produire.

De la boîte contenant les soupapes d'échappement part un tube qui se rend dans le réservoir placé en dessous de la voiture et qui sert à amortir le bruit produit par l'échappement.

Arrivée d'essence, carburateur. — Un récipient d'essence est placé à un niveau supérieur à celui du moteur et il envoie l'essence dans un réservoir à niveau constant contenant un flotteur qui, sous l'influence des trépidations, laisse échapper un jet d'essence dans un second réservoir placé un peu au-dessus du premier.

Ce jet se brise sur un petit cône à ligne et rencontre

en même temps l'air chaud qui arrive de la boîte des brûleurs ; la carburation se produit et l'air carburé est aspiré par le mouvement du piston.

Remarque. — Un peu au-dessus du carburateur, le tube d'arrivée d'air chaud porte une ouverture fermée par une bague mobile permettant d'amener dans ce tube de l'air froid.

Mise en marche. — L'arbre porte une manivelle qui s'enclanche à l'aide d'un verrou circulaire.

La première opération consiste à chauffer les brûleurs.

Pour cela :

1° Dévisser quelque peu le pointeau de la lampe ;

2° Dévisser à fond le pointeau des brûleurs.

Lorsque l'essence jaillit des brûleurs, fermer le pointeau de la lampe et chauffer les tubes de platine avec une lampe à alcool ou avec un tampon d'amiante monté sur fil de fer et imbibé d'alcool ou d'essence ; puis ouvrir de 2 ou 3 tours le pointeau de la lampe et laisser s'échauffer les tubes ; lorsqu'ils sont bien échauffés, un sifflement particulier se fait entendre.

1° Ouvrir les graisseurs à huile ;

2° Ouvrir le robinet d'essence à sa position normale ;

3° Mettre l'arrivée d'air dans la position reconnue normale ;

4° Pousser le verrou de la manivelle et tourner ensuite vigoureusement ; laisser échapper la manivelle dès que l'on entend une explosion.

Nota. — Si le moteur ne part pas, cela tient, tout fonctionnant bien, à ce que l'arrivée d'air est mal réglée; dans ce cas, agir sur l'arrivée d'air par tâtonnement.

Moteur de Dion et Bouton. — L'un des moteurs les plus employés en automobilisme est le moteur de Dion-Bouton.

Ce moteur se construit de trois dimensions, dénommées force de 1 cheval, 1 cheval 3/4, de 2 ch. 1 2. Ils ont les mêmes dimensions, sauf le diamètre intérieur du cylindre qui est un peu plus grand, par suite d'un alésage plus considérable; c'est ce qui permet la transformation du 1 ch. 3/4 en 2 ch. 1 2.

Il est vertical et le cylindre est muni d'ailettes horizontales pour le refroidissement; il porte latéralement les soupapes d'admission et d'échappement et les organes d'allumage, et, sur le fond, un petit robinet obturé par une tringle et qui est le robinet de fermeture de la *compression* ou plus simplement la *compression*.

Le piston est relié par une bielle à deux volants montés chacun sur un arbre. L'un de ces arbres actionne l'engrenage moteur et l'autre un arbre intermédiaire portant les organes d'allumage.

Le cylindre repose sur un *carter* en fonte en deux pièces, réunies par boulons transversaux, à l'intérieur duquel se trouvent renfermés tous les organes du moteur; dans le carter on met une certaine quantité d'huile, laquelle lubrifie tout le moteur.

Admission, échappement et allumage. —

Le fond du cylindre (appelé quelquefois culasse,

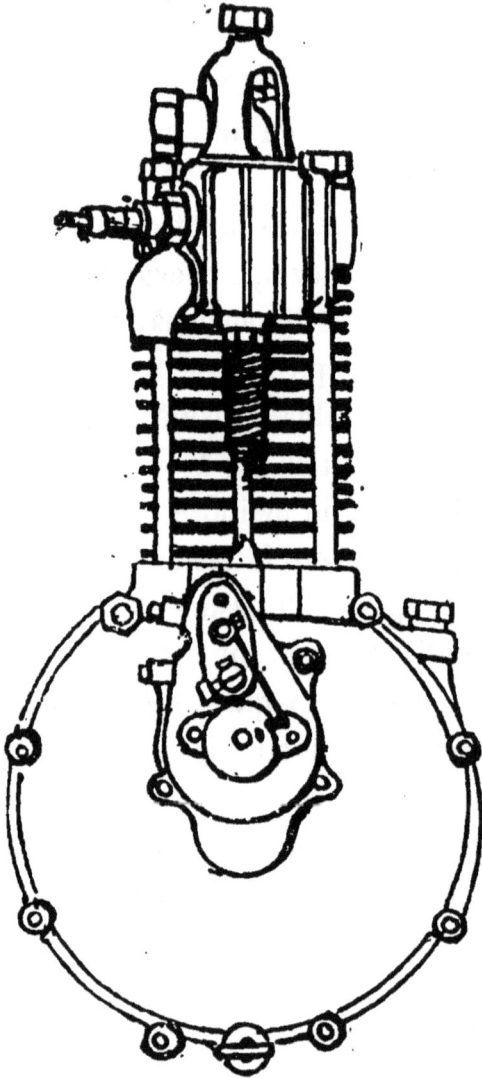

Fig. 51. — Moteur de Dion.

j'ignore pourquoi) porte sur le côté un renflement dans
lequel viennent aboutir les extrémités des conduits

d'admission et d'échappement, chacun d'eux étant
fermé par une soupape.

Latéralement entre les
deux soupapes se place la
bougie d'allumage.

La *soupape d'admission*
est munie d'un ressort placé
à l'intérieur qui tend à la
ramener sur son siège ; c'est
l'aspiration du piston qui
produit son mouvement.

La *soupape d'échappe-
ment* est munie d'un ressort
de rappel placé à l'exté-
rieur du cylindre sur une
longue tige, dont
l'extrémité s'ap-
puie sur une came
portée par l'arbre
intermédiaire de l'allu-
mage.

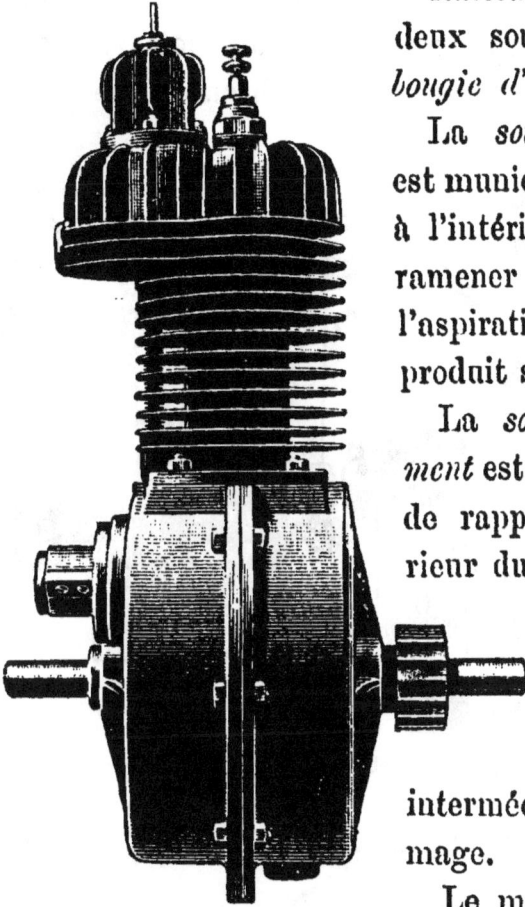

Le mouvement de rota-
tion de la came produit une
levée et une fermeture progressives de la soupape ;
lorsque la tige repose sur le point haut de la came,
la soupape est ouverte en grand.

Cette came est portée par le petit arbre intermédiaire de l'allumage, lequel reçoit par pignon le mouvement de l'arbre du volant.

Fig. 52. — Moteur genre de Dion.

Le conduit d'échappement se divise en deux parties : l'une se rend dans un pot d'échappement dénommé « silencieux » et constitué par un cylindre creux placé horizontalement près du moteur, l'autre traverse le carburateur de telle façon qu'une partie

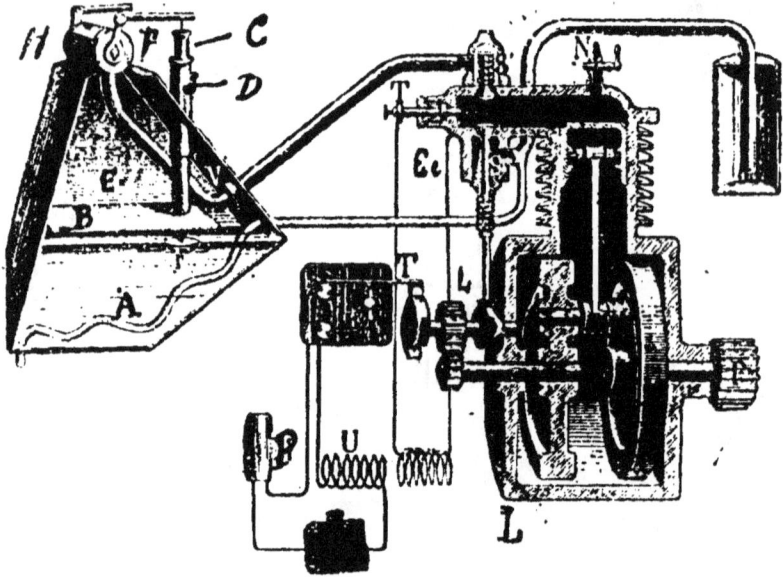

Fig. 53. — Coupe du moteur et du carburateur.

des gaz chauds de l'échappement vienne chauffer l'essence.

Carburateur. — Le carburateur est formé par un réservoir triangulaire en cuivre, portant à la partie supérieure un cylindre horizontal, muni d'une ouverture et à l'intérieur duquel viennent se placer deux cylindres munis d'ouvertures, tournant l'un dans l'autre ; cet ensemble des trois cylindres constitue un double robinet réglant l'*aspiration d'air* et l'*aspiration* *d'air carburé* envoyé au moteur et qui ferme le tube d'admission qui vient y aboutir ; un des côtés du triangle formant le carburateur s'attache au cadre du tricycle, l'autre porte trois ouvertures ; l'une, fermée par un bouchon, est destinée au remplissage ; l'autre porte un pas de vis se raccordant au tuyau d'admission, et la troisième, ouverte à l'air libre, est munie d'un court tube de cuivre.

Dans cette dernière coulisse un tube de cuivre assez long, terminé à l'intérieur du carburateur par une plaque de cuivre placée horizontalement, et dans son milieu passe la tige d'un flotteur.

A l'intérieur du carburateur, à la base du tube d'admission, se trouvent placées plusieurs toiles métalliques très fines, formant une *chambre de sûreté* destinée à éviter tout retour de flamme dans le carburateur, les toiles métalliques ayant la propriété de s'opposer au passage des gaz enflammés.

Fonctionnement du carburateur. — Lorsque le piston aspire, il produit un appel d'air dans le carburateur, cet air y entre par le tube vertical, se répand sous la plaque portée par ce tube et se charge de vapeur de gazoline ; *il se carbure,* puis il contourne la plaque et vient remplir la partie supérieure du carburateur du mélange d'air et de vapeur ou d'*air carburé*.

Cet air carburé se rend dans le tube d'aspiration en passant par le double robinet placé à la partie supérieure, mais comme celui-ci a une ouverture communiquant avec l'air extérieur, l'aspiration entraîne une certaine quantité d'air qui se mélange avec l'air carburé en se rendant dans le cylindre.

Ce double robinet est manœuvré par deux petits leviers indépendants placés à ses extrémités, qui permettent de tourner isolément chaque cylindre et par suite d'ouvrir plus ou moins les ouvertures dont ils sont munis ainsi que l'ouverture extérieure ; il s'ensuit qu'on peut, en les manœuvrant, ne faire entrer dans le cylindre que de l'air carburé seul ou un mélange d'air carburé et d'air pur, dans toutes les proportions que l'on veut.

Allumage. — L'allumage est électrique, il est produit par une étincelle provenant d'accumulateurs ou de piles, étincelle qui est renforcée par son passage à travers une bobine de Rumkorff, et qui éclate entre les deux extrémités des fils de la bougie.

Le fonctionnement de l'allumage est le suivant :

L'un des fils de la batterie d'accumulateurs ou des piles va à la poignée mobile (à gauche du guidon), puis se rend par l'intérieur du guidon à l'interrupteur, formé par une cheville, et de là au ressort formant le trembleur ; l'autre fil part de l'autre borne de la batterie et vient aboutir à la bobine.

Bobine. — La bobine présente cette particularité que son trembleur, au lieu d'être actionné par le courant même, est mû mécaniquement par une came circulaire portant une encoche, montée sur le même axe que la came d'échappement.

Des deux autres bornes de la bobine partent deux fils : l'un aboutit dans le cylindre, l'autre à la bougie.

Bougie. — La bougie est constituée par un cylindre de porcelaine, garni extérieurement d'un écrou, et traversé au centre par un fil métallique aboutissant à l'une des extrémités à une borne à vis de pression et terminé à l'autre par un petit crochet ; un deuxième fil, porté par la partie métallique entourant la bougie, vient se présenter devant le premier : c'est entre ces deux fils qu'éclate l'étincelle.

Fig. 54.

La bougie est un des points délicats de l'allumage, elle doit être très propre ainsi que les fils de cuivre, et ceux-ci doivent être écartés d'un *millimètre* 1/10; en dehors de cet écartement l'étincelle se produit mal et cause des *ratés*.

Avance à l'allumage. — Le ressort du trembleur est porté par une pièce métallique pouvant prendre un mouvement de rotation en avant ou en arrière par rapport à la came, ce qui permet de faire varier le moment du jaillissement de l'étincelle par rapport à la course du piston, et de l'avancer ou de le retarder ; ce mouvement a reçu le nom d'*avance à l'allumage*.

En donnant de l'*avance à l'allumage*, ce qui se fait en poussant en arrière, à l'aide de la manette spéciale, le mécanisme de l'allumage, on fait alors éclater plus tôt l'étincelle et l'on arrive à mieux utiliser l'explosion du mélange gazeux dans le cylindre et à augmenter la vitesse.

Mise en marche.

Il faut :

1° Remplir le réservoir d'essence ;

2°   — d'huile le carter du moteur ;

3° Vérifier les écrous et le réglage du trembleur.

1° **Essence.** — Par la tubulure spéciale, en se servant d'un entonnoir en caoutchouc, on verse de l'essence dans le carburateur (environ 2 litres 1/2) ; puis on règle la position de la cheminée mobile par rapport au flotteur ; en été, cette cheminée doit avoir son sommet à deux centimètres au-dessus de l'extrémité du flotteur ; en hiver, elle doit être deux centimètres au-dessous.

Remarque : 1° trop d'essence dans le réservoir amène des ratés ;

2° Il faut de temps à autre vider *complètement* le carburateur et ne pas laisser s'y accumuler des essences *lourdes*.

En marche, il est bon d'avoir, à part, une petite burette d'essence fraîche, que l'on vide dans le carburateur (environ un verre), après un arrêt, lorsque l'essence de celui-ci tend à diminuer.

Graissage. — On vide l'huile contenue dans le carter du moteur en dévissant le bouchon placé à la partie inférieure ; on le remet, puis on introduit par

12

l'ouverture opposée 6 ou 7 centilitres d'huile (mesure donnée par la burette spéciale).

Dans les tricycles portant un réservoir d'huile, on emplit le réservoir et, pour graisser, on dévisse le bouchon inférieur, on laisse écouler l'huile et on la remplace par une mesure ; il y a de ces réservoirs qui contiennent 2, 3, 4 mesures, lesquelles sont indiquées par une graduation marquée sur le verre. On graisse ensuite avec de l'huile fluide les roulements arrière, en introduisant de l'huile dans les trois trous graisseurs qui se trouvent sur les paliers de l'arbre moteur et qui sont fermés par une vis.

L'huile doit être remplacée tous les 20 kilomètres si le moteur est neuf et tous les 40 lorsqu'il a parcouru 400 à 500 kilomètres.

Avoir soin, quelle que soit la marche, de changer l'huile tous les jours.

3° **Vérification des écrous et de l'allumage.** — On doit vérifier tous les écrous et s'assurer qu'ils sont bien en place, que les deux vis du guidon destinées à serrer les fils sont bien serrées et donnent le contact.

Puis vérifier si la vis du trembleur n'est pas desserrée, si le petit carter de l'allumage est replacé, si les vis à oreilles qui l'attachent sont bien serrées à fond.

Vérifier également tous les fils électriques, s'assurer s'ils sont bien en contact avec les bornes et s'ils ne forment pas de pointes, car, en marche, cela dé-

charge les accumulateurs ; aux bornes les fils doivent toujours *former une boucle* sur eux-mêmes.

Allumage. — L'allumage se produit par piles ou par accumulateurs.

Les piles employées sont des piles sèches. La batterie marque, lorsqu'elle est neuve, de 5 à 6 volts ; lorsqu'elle est usée, 2 à 2 volts 1/2 ; néanmoins, à ce dernier voltage, elle peut encore servir quelque temps.

Lorsque les piles sont usées, le seul remède c'est d'en remettre des neuves.

Les accumulateurs doivent être chargés et ils doivent indiquer au voltmètre une tension de 4 volts 8 ; à ce voltage les accumulateurs peuvent marcher environ 150 heures ; lorsqu'ils tombent à 2 volts 6, ils sont déchargés ; quand ils marquent 3 volts 5, ils sont déjà passablement déchargés, et 3 volts, ils peuvent être considérés comme déchargés.

Nota. — La durée des piles est de 5 à 6.000 kilomètres ; celle d'accumulateurs complètement chargés, de 3 à 4.000 kilomètres.

Départ. — Tout étant reconnu en place, on ouvre la compression en plaçant sa manette horizontale ; on place la manette d'avance à l'allumage, de telle façon qu'il n'y ait *pas d'avance* à l'allumage.

On règle ensuite l'arrivée d'air et l'arrivée d'essence ; la manette d'arrivée d'air est placée verticalement et celle d'essence est ramenée en avant de façon à *ouvrir en grand.*

On verse ensuite par l'ouverture de la carburation quelques gouttes de pétrole ou d'essence dans le cylindre ; cette précaution facilite le départ.

On place la *cheville de l'interrupteur,* on monte en selle et l'on pédale vivement ; après quelques tours de pédales, on entend les explosions se produire, on *ferme* alors la compression en ramenant sa manette verticale, puis on règle l'arrivée d'air et d'essence. Si le moteur donne des ratés, ou ne part pas, on fait varier par tâtonnement la position des manettes tout en continuant de pédaler.

Avance à l'allumage.

En marche. — On accroît la vitesse en combinant l'arrivée d'essence et l'avance à l'allumage. L'arrivée d'essence étant réglée, on agit sur l'avance à l'allumage en l'augmentant progressivement jusqu'à ce que l'on n'ait plus d'accélération de vitesse.

Nota. — L'avance à l'allumage doit être proportionnelle à la vitesse, et, par conséquent, en rampe, il faut diminuer cette avance et ramener la manette au point de départ.

Carburation. — La marche régulière du moteur et son rendement demandent une bonne carburation ; ce réglage s'obtient en manœuvrant les deux robinets d'air et d'essence.

On remarque qu'après le départ il faut ouvrir progressivement l'entrée de l'air, parce que l'air carburé se trouve plus chargé d'essence, à mesure que celle-ci s'échauffe par suite du passage des gaz de l'échappement.

On diminuera au contraire l'arrivée d'air lorsque l'essence diminuera dans le réservoir, parce que l'essence la plus lourde et par suite la moins volatile se trouve, par sa densité, dans le fond du réservoir. Il faut donc envoyer moins d'air si l'on veut garder au mélange la même composition.

Ce réglage est, pour chaque tricycle, un tâtonnement variable qu'un peu de pratique permet d'acquérir facilement.

Ralentissement. — Lorsque l'on veut ralentir, on peut augmenter l'air et diminuer l'essence, ainsi que l'avance à l'allumage.

Pour ralentir momentanément, sans rien changer à la carburation, on peut ouvrir légèrement la carburation, ou bien couper le courant d'allumage par mouvements alternatifs de suppression et de rétablissement, ce qui se fait en tournant la poignée vers l'arrêt, puis la ramenant presque aussitôt.

Enfin on peut ralentir en agissant sur le frein du différentiel.

Dans une descente on peut arrêter l'allumage et l'essence, puis *ouvrir* la compression : le poids seul du tricycle joint à la vitesse acquise permet la marche.

Pour ralentir la vitesse dans une descente on peut aussi arrêter l'allumage et l'essence et laisser la compression *fermée;* celle-ci fait frein.

12.

En cas de rupture ou de non-fonctionnement des freins, il faut arrêter l'allumage et l'essence et se servir de la compression *fermée* comme frein.

Arrêt. — Pour arrêter, on coupe l'allumage en plaçant la poignée sur le mot « *arrêt* » et l'on serre les freins *progressivement;* l'on ne doit pas les *bloquer* net, à moins de cas de force majeure.

On enlève ensuite la cheville; de cette façon l'on évite d'abord le déchargement des accumulateurs, puis qu'une personne étrangère puisse faire fonctionner la machine.

Causes de non-fonctionnement. — Il arrive que, toutes précautions étant prises, le moteur ne fonctionne pas ou fonctionne mal et donne de nombreux ratés; cela tient à ce qu'il y a quelque chose de défectueux, soit :

1° Dans l'allumage ;

2° Dans l'essence.

On vérifie d'abord la marche des accumulateurs; pour cela on enlève le carter de l'allumage et l'on place la came de telle façon que le trembleur se trouve dans l'encoche, mais sans la toucher, ce qui se fait en faisant tourner le moteur.

Puis on retire le fil de la bougie, l'on met la poignée sur « marche » et l'on présente le fil à un point quelconque du cylindre, à 4 ou $5^{m}/^{m}$ de la surface ; en faisant vibrer avec le doigt le trembleur, une étincelle doit jaillir franchement : si elle jaillit, c'est qu'il n'y a rien de dérangé dans les accumulateurs et dans les fils; si elle est courte et peu lumineuse, il faut vérifier les accumulateurs.

On ferme la poignée.

Il faut alors vérifier la bougie; pour cela, on détache le fil, puis on dévisse la bougie et on l'examine : si elle présente la moindre trace de matières quelconques, on la nettoie, puis, après l'avoir rattachée à son fil, on la place sur le sommet du cylindre, de telle façon que l'écrou métallique qu'elle porte repose sur celui-ci ; on ouvre alors le courant, en agissant sur la poignée. Lorsque l'on fait aller le trembleur, il doit se produire une étincelle entre les deux fils qu'elle porte; s'il ne s'en produit pas, cela peut tenir à l'écartement des fils qui est mauvais, il faut le modifier (cet écartement

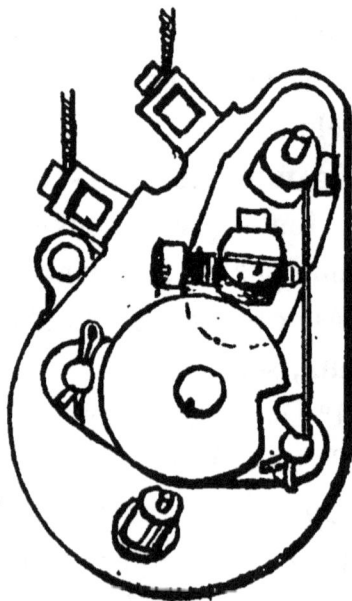

Fig. 55.

doit être d'un millimètre); après quelques tâtonnements, l'on voit si l'étincelle jaillit.

S'il n'y a pas de production, la bougie est mauvaise, il faut la remplacer.

Vérification de la poignée. — Si l'étincelle ne se produit pas lors du premier essai, cela peut provenir des accumulateurs, d'un fil brisé, ou de la poignée.

On vérifie les fils, ensuite la poignée ; pour cela on défait l'un des fils de sa borne et on le place avec le second sous l'autre borne ; on doit en répétant l'expérience du trembleur avoir une étincelle, dans ce cas c'est la poignée qui est défectueuse, il faut la démonter, en vérifier et nettoyer les contacts.

Si l'on soupçonne la poignée, on peut se dispenser de toucher aux organes d'allumage ; on réunit simplement les deux fils sur la même borne et l'on met en marche ; si le moteur part, c'est bien la poignée qui est défectueuse.

Réglage du trembleur. — Le trembleur demande à être soigneusement réglé ; il faut pour cela que celui-ci ayant son extrémité placée dans l'encoche de la came, la lame du trembleur soit au contact de la vis ; celle-ci ne doit ni être écartée, ni forcée sur la lame.

En faisant vibrer le trembleur, avec un peu de pratique, on reconnaît le point exact.

Pour le régler, il faut desserrer la vis de pression qui maintient la vis appuyant sur le trembleur ; puis on agit sur cette dernière.

Nota. — La lame du trembleur et la vis doivent toujours être en parfait état de propreté.

Essence [1]. — Si l'essence devient trop lourde par

---

1. L'on ne doit verser dans le carburateur que 2 litres 1/2 d'essence.

Un litre d'essence permet de parcourir de 20 à 25 kilomètres, cela donne une dépense de 0 fr. 02 par kilomètre hors Paris (prix 0 fr. 40 le litre) et 0 fr. 03 dans Paris (prix 0 fr. 70). Ce qui donne le cheval-heure au minimum de 0 fr. 40.

suite de son usage, elle n'a plus alors de volatilité suffisante pour donner un mélange assez riche et le moteur ne peut partir.

On doit la vérifier au densimètre : elle doit marquer 680 en hiver, 700 en été à 15° ; si elle marque plus, il faut la rejeter.

Soupapes. — Les soupapes peuvent ne pas fonctionner, ou fonctionner mal.

La cause de non-fonctionnement peut provenir des ressorts, qui sont usés ou cassés, ou quelquefois simplement déplacés et accrochés.

Cela provient également de l'usure des soupapes : on le constate par ce fait que la compression étant fermée n'obtient pas de résistance lorsque l'on fait fonctionner le moteur avec les pédales ; dans ce cas, il faut roder les soupapes, comme cela est indiqué précédemment.

Quelquefois les soupapes *collent*, c'est-à-dire adhèrent sur leur siège ; dans ce cas, on retire le chapeau supérieur et l'on verse un peu d'essence ou de pétrole sur la soupape.

Enlèvement des soupapes. — Pour enlever les soupapes on desserre. légèrement le raccord du tube d'arrivée placé sur le carburateur, puis on défait complètement celui qui se branche sur la cloche recouvrant les soupapes, on retire alors la vis qui recouvre cette cloche ; cette dernière s'enlève ensuite immédiatement, ainsi que la soupape.

Des fuites se produisent quelquefois au pourtour du

cercle formant siège, on place alors en cet endroit un joint circulaire en amiante et cuivre.

La soupape inférieure se retire en enlevant la clavette qui la relie à la tige de la came, puis en soulevant la tige avec un outil de façon à soulever la soupape hors de son siège et de là hors de la cavité.

Excès d'huile. — Un excès d'huile peut amener un mauvais fonctionnement du moteur ; quand cela a lieu, il faut démonter le moteur et le nettoyer.

Moteur Durand. — Ce moteur est un des rares moteurs à gazoline qui se construisent pour les forces moyennes ; c'est un moteur horizontal à quatre temps excessivement ramassé comme forme ; le carburateur est placé sur le cylindre et est traversé par les gaz de la décharge de telle sorte que l'air qui l'alimente est porté à une certaine température, la distribution est faite par soupapes ; celle d'admission agit sous l'action du régulateur ; l'échappement communique avec le socle qui est creux et sert de pot d'échappement.

Allumage électrique à l'aide d'une dynamo. Se construit en locomobile.

MOTEURS FONCTIONNANT AU PÉTROLE LAMPANT DE DENSITÉ 800 A 826.

Moteur Grob. — A quatre temps, vertical et pilon. Distribution par soupape, l'admission automatique placée à la partie supérieure du cylindre ; la sou-

Fig. 56.

pape de décharge est latérale et est mue par une tige commandée par une came portée par l'arbre moteur; comme elle ne doit s'ouvrir qu'un tour sur deux, un croisillon oscillant entre taquets permet d'entraîner la tige un tour et de la manquer au tour suivant.

Le vaporisateur est tout à la fois vaporisateur, pulvérisateur et allumeur. Il est formé par une partie sphérique à double paroi placée latéralement sur le fond du cylindre.

Entre la paroi arrive d'une part le pétrole qui y est envoyé par l'action d'une pompe spéciale, et, d'autre part, l'air aspiré par la marche du piston ; cet air rencontre le pétrole et l'entraîne.

Moteur Forest-Gallice. — Du type pilon à quatre temps, à un, deux, trois ou quatre cylindres. Distribution à soupapes commandées par cames. Allumage électrique.

Ces moteurs, étudiés spécialement pour la marine, sont munis d'un arbre à came dont le déplacement permet la mise en marche ou le changement de marche.

Marche très régulière; le pétrole se vaporise au contact de la paroi qui est portée au rouge. Lors de la compression, l'admission d'air se referme sous l'influence d'un ressort, le gaz se comprime dans la chambre du vaporisateur et, à un moment de la compression, le mélange s'enflamme au contact de la paroi et l'inflammation se propage dans le cylindre.

Les gaz de la décharge sont évacués par la soupape.

Le régulateur agit en maintenant cette soupape ouverte, ce qui empêche la levée de l'admission d'air ; il agit également sur le levier de commande de la pompe de façon à ce que l'excentrique ne l'actionne plus.

Le réglage de l'arrivée du pétrole s'opère en mo-

Fig. 57. — Moteur Niel horizontal.

difiant la course de la pompe à l'aide d'un écrou à double filet porté par sa tige, et la pression se règle par un ressort que l'on peut plus ou moins détendre. Une lampe spéciale sert à chauffer le vaporiseur.

Moteur Niel. — Moteur à quatre temps, identique

au moteur à gaz décrit précédemment et auquel est ajouté un vaporiseur.

Allumage par tube incandescent. Réglage par régulateur à boules agissant sur la soupape d'échappement, laquelle est solidaire de l'arrivée du pétrole; si la vitesse est inférieure à celle de régime, l'échappement se ferme avant la fin de la période; si elle est supérieure, elle reste ouverte, il y a donc eu non-arrivée du pétrole.

L'allumage est produit par un tube incandescent chauffé par la lampe du vaporiseur.

Mise en marche. — On met de l'alcool dans une petite coupe et on l'enflamme, il chauffe la chaudière et le tube en

Fig. 58. — Moteur Niel vertical.

fer à cheval de la lampe; au bout de cinq minutes on fait arriver le pétrole dans ce tube, il se vaporise, en sort en vapeur qui s'enflamme au contact de la flamme de l'alcool et la lampe est amorcée; sa flamme rencontre le tube d'allumage et la chaudière lesquels sont portés au rouge au bout de 8 à 10 minutes. L'on ouvre alors le pétrole et l'on tourne au volant.

Ce moteur est de très bon fonctionnement, à faible vitesse, très régulier et aussi très économique.

Moteur Atlas. — Ce moteur n'est autre qu'un

moteur Niel vertical, renfermant les mêmes organes.

Moteur Priestmann. — Moteur à quatre temps horizontal, distribution par soupape placée sur le fond du cylindre; celle d'admission est automatique, tandis que celle de la décharge est menée par l'excentrique de la pompe de compression d'air. Dans le fond du cylindre est ménagée une chambre d'explosion dans laquelle vient déboucher l'allumage électrique ou incandescent.

Sous le cylindre se trouve placé le carburateur décrit précédemment (voir Carburateurs); à l'avant se trouve un réservoir dans lequel on comprime de l'air, à l'aide d'une pompe spéciale.

Mise en marche. — L'on met ce moteur en marche automatiquement en comprimant de l'air dans le réservoir au moyen d'une pompe à main placée au-dessus; puis l'on chauffe le vaporiseur à l'aide d'une lampe spéciale.

Consommation résultant d'un essai du professeur Unwim de Hull :

Puissance 8 chevaux, consommation par horse-power-heure effectif de 0,385 à 0,428 gr. de pétrole.

Moteur Hornsby-Akroyd. — Horizontal à quatre temps; le pétrole placé dans le bâtis est injecté par une pompe dans la chambre de combustion placée sur le fond du cylindre. (Décrite à Allumage).

Le régulateur est placé contre le cylindre et commande la soupape d'introduction du pétrole ; si elle reste fermée, l'huile retourne au réservoir.

Machine simplifiée au possible, consommant un demi-litre de pétrole par cheval-heure (Robinson).

Fig. 59. — Moteur Hornsby.

Moteur Merlin. — Type vertical à quatre temps ; le pétrole est placé dans le socle et refoulé par une pompe à air dans une pompe à pétrole, d'où il traverse le vaporisateur chauffé à la lampe lequel produit également l'allumage. Le régulateur commande la pompe à pétrole et il réduit le débit et la soupape d'échappement.

Moteur très rustique et de bon fonctionnement.

Le moteur Diesel. — Ce moteur est à quatre

temps, la construction est basée sur les principes suivants :

Fig. 60. — Moteur Merlin.

1° La température à la compression doit être égale

à celle produite par la combustion et doit être celle à laquelle s'enflamme le gaz combustible.

2° Pour éviter une compression trop forte, il faut supprimer la compression isothermique du cycle de Carnot.

D'après ces principes, ce moteur prend de l'air pur, le comprime entre 35 et 40 atmosphères ; puis il introduit graduellement le liquide ou le gaz combustible dans le cylindre, lequel brûle graduellement sans explosion, puis le gaz se détend suivant la détente abiatique poussée au maximum pratique ; il y a ensuite échappement du gaz.

Description. — Ce moteur est vertical, du type pilon, l'arbre moteur étant placé à la partie inférieure du bâti.

Cet arbre reçoit le mouvement par une bielle, laquelle en porte de chaque côté deux autres petites, qui agissant sur un balancier actionnent une pompe de compression d'air ; cette pompe refoule l'air dans un cylindre placé latéralement au bâti.

Un arbre placé parallèlement au bâti, et prenant le mouvement, par engrenages coniques, sur l'arbre moteur, agit sur un système de cames et de leviers qui actionnent les soupapes d'arrivée d'air et de pétrole.

Fonctionnement. — Le piston, en descendant, aspire de l'air du réservoir ; en remontant, il le comprime à 35 atmosphères et la pompe de compression maintient la pression du réservoir à 40 kgr.

Au moment de la descente, une came ouvre une

soupape à aiguille autour de laquelle se trouve un espace annulaire, rempli de pétrole à l'aide d'une petite pompe spéciale.

L'air du réservoir arrive dans cet espace et entraîne le pétrole dans le cylindre tant que la soupape est ouverte.

Au contact de la haute température de l'air du cylindre, le pétrole s'enflamme et brûle; à un moment déterminé la soupape se ferme et la détente se produit; puis la soupape se lève et les produits de la combustion s'échappent.

L'arrivée du pétrole est réglée par un régulateur à force centrifuge; cette disposition règle proportionnellement et non par ouverture ou fermeture comme cela a lieu généralement.

Mise en route. — Elle est faite à l'aide de l'air comprimé du réservoir; l'on ouvre une soupape spéciale et le moteur se met en marche sous l'action de cet air; au bout de deux ou trois courses, la vitesse est suffisante pour faire agir les soupapes de marche.

Ce moteur a pour avantage sa simplicité extrême, résultant de la suppression de l'allumage, sa parfaite régularité, qui lui permet de fonctionner à moitié de charge avec un supplément de dépenses insignifiant, et sa consommation qui est inférieure à 250 grammes; son rendement thermique aussi est remarquable : 33 pour 100.

Essais à charge.

	A PLEINE.		A MOITIÉ.	
	1ᵉʳ	2ᵉ	1ᵉʳ	2ᵉ
Nombre de tours....................	172	154	154	158
Travail indiqué......................	27 ch. 85	24,77	17,75	17,72
Travail au compresseur..............	1,2 9	1,17	1,14	1,2)
Travail indiqué net	26,55	23,60	16,57	16,52
Travail effectif au frein.............	19,87	17,82	9,58	9,81
Consommation de pétrole par cheval-heure effectif en gr................	247	238	278	296
Rendement thermique par cheval-heure.	33,7	34,7	38,7	37,9

Moteurs fonctionnant au schiste.

Moteurs Diederichs. — Ce moteur est l'un des premiers et reste un des seuls utilisant les huiles de schiste.

Formé des organes indispensables de tous les moteurs horizontaux, il porte latéralement un carburateur et, sur le fond du cylindre, son allumeur ; une pompe placée latéralement prend son mouvement sur l'arbre moteur et comprime l'air du réservoir de l'allumeur ; sur le moteur sont placés, indépendamment du petit réservoir d'essence de l'allumeur, deux réservoirs, l'un à pétrole lourd, l'autre à essence, ce dernier servant lors de la mise en marche.

La distribution est faite par soupapes mues par deux leviers actionnés par des cames recevant le mouvement

de l'arbre moteur par un arbre latéral et des engrenages coniques.

Fig. 61.

Une circulation d'eau entoure le cylindre et une
petite pompe fait mouvoir cette eau.

Un régulateur centrifuge agit sur l'arrivée de pétrole, après que celle-ci a reçu un premier réglage à

la main ; cette disposition qui règle le pétrole suivant la force demandée est très bonne et bien supérieure à celle ordinaire qui se contente de fermer ou d'ouvrir brutalement cette arrivée.

Fonctionnement. — L'on porte l'allumeur au blanc ; pour cela on ouvre l'arrivée d'essence de l'allumeur sur lequel on fait arriver de l'air à l'aide de la pompe à main et l'on allume ; au bout de 2 à 3 minutes, un sifflement particulier succède au bourdonnement primitif, l'allumeur est prêt à fonctionner ; l'on continue à pomper ; puis on ouvre l'arrivée d'essence du moteur et l'on tourne au volant ; après deux ou trois tours, le moteur part. On le laisse fonctionner environ 1/4 d'heure à l'essence, ce qui chauffe le carburateur, puis on fait arriver le pétrole dans le carburateur et l'on règle cette arrivée et celle de l'air à l'iade de la trappe. Une fois réglée, l'on n'a pas à modifier cette arrivée souvent pendant de longs jours de marche.

Arrêt. — On ferme l'arrivée du pétrole.

Ce moteur est très régulier, grâce au double réglage de l'arrivée de pétrole à la main et au régulateur, très robuste et très simple, malgré son aspect compliqué, qu'on lui a quelquefois reproché, oubliant que c'est un moteur à huile de schiste, tandis que les autres sont des moteurs à pétrole, et que comme tel il demande des moyens et par suite des engins spéciaux pour cet emploi.

Essais sur un moteur de 12 chevaux :
Puissance constatée 12 chev. 95.

Dépense de schiste 0 lit. 886, soit 317gr. 4 par ch.-h.

Sur un moteur de 6 chevaux :

 Puissance 6 ch. 7.

 Dépense 0 l. 419, soit 877 gr. 10. par ch.-h.

 Prix de revient de 12 chevaux : de 6 chevaux:

	de 12 chevaux		de 6 chevaux
Amortissement 7,800........	7,80	5,300	5,30 fr.
Schiste à 25 fr. les 100 kgr..	10,40	»	5,55
Essence pour mise en marche.	1,80	»	90
Employé 3,50 le 1/3.........	1,20	»	1,20
Huiles et chiffons...........	0,90	»	60
	22,10	»	13,55

$$\text{Soit } \frac{22,10}{120} = 0,18 \qquad » \quad \text{soit } \frac{13,55}{60} = 0,25$$

Ce moteur se construit de 1 à 15 Poncelets[1] :

3/4 P.	1 1/2	2 1/4	8	4 1/2	6	7,5	9	12	15
2.100 fr.	2.350	3.100	4.100	5.300	6.100	7.100	7.800	8.800	9.750

Coût du cheval-vapeur

	1	2	8	4	6
	2,40	2,85	8,40	4,10	5,30
	60	1,20	1,20	1,20	1,20
Huile..........	0,20	0,30	0,40	0,50	0,60
Essence	15	80	45	60	90
Pétrole.........	1,25	2,50	8,75	50	5,55
	5,50	7,15	9,20	11,40	13,55
	0,53	0,35	0,30	0,28	0,23

	8	10	12	16	20
	6,10	7,10	7,80	8,80	9,75
	1,20	1,20	1,20	1,20	1,20
Huile..........	0,70	0,75	0,90	1, »	1,50
Essence........	1,20	1,50	1,80	2,40	3, »
Pétrole	7 »	8,75	10,40	14, »	17,50
	16,20	18,80	22,10	26,40	32,95
	20	19	18	17	16

LOCOMOBILES A PÉTROLE. — Le pétrole ayant surtout son utilisation dans les travaux agricoles, il était

1. Office technique, directeur M. Michotte, 21 rue Condorcet, Paris.

tout indiqué de faire des moteurs locomobiles pouvant se déplacer pour les opérations du battage ; ce n'était pas compliqué et les constructeurs n'ont pas eu à se mettre et ne se sont pas mis en grands frais d'imagination : quatre roues, un châssis, un plancher, le moteur placé et fixé sur ce dernier, et la locomobile est faite.

Ce mode d'opérer est simple, mais à mon avis les constructeurs ne devraient pas persévérer dans cette voie, car cela ne facilite pas toujours l'approche des organes, et force à grimper sur le bâti pour vérifier ou graisser, ce qui, le moteur étant en route, peut être quelque peu et même souvent très dangereux ; d'autres ont vu cet écueil et ont mis leur moteur sur un tout petit chariot à roues toutes basses, mais à celui-là l'on devra choisir les chemins.

L'un d'eux a donné à sa machine la forme exacte d'une machine à vapeur et de sa chaudière, celle-ci étant la réserve d'eau. Compris comme dispositif, mais singulière idée de simuler un foyer là où il n'y en a pas.

Les constructeurs ont eu assez de succès dès qu'ils ont créé la locomobile, pour actuellement faire des modèles spéciaux répondant aux besoins de ce genre de moteurs.

Locomobiles. — Les organes moteurs des locomobiles ne diffèrent pas des organes des moteurs fixes, ils sont identiques pour chaque constructeur, il doit y avoir seulement un double volant.

Fig. 62.

Mais il s'est posé là un problème nouveau qui a doté la machine d'un nouvel organe, un réfrigérant destiné à économiser l'eau de refroidissement.

Refroidissement. — Le refroidissement du cylindre a une grande importance ; car si l'on refroidit trop, l'on use inutilement du pétrole ; si l'on ne refroidit pas assez, les huiles se décomposent.

Il faut donc refroidir juste ce qui est nécessaire ; la circulation doit par suite être réglée par la machine elle-même et une bonne disposition consiste à rendre la pompe solidaire de l'arrivée du pétrole ; elle s'arrête avec celui-ci (locomobile Merlin).

Pour les petites forces, l'on peut se servir de deux tonneaux ordinaires pour les puissances de 6 à 8 chevaux ; l'on peut disposer au-dessus un paquet de fascines sur le haut duquel on fait arriver l'eau.

Réfrigérant Priestmann. — Le moteur porte en dessous et à l'avant une bâche à eau dans laquelle débouche vers le milieu le tuyau d'échappement ; au-dessous de ce tuyau arrive le tuyau de retour d'eau ; l'échappement produit un appel d'air dans la colonne qui rencontre l'eau tombant en pluie et se rendant à la bâche placée sous le moteur.

Prix de revient. — Pour établir ce prix, nous prendrons pour base les résultats officiellement constatés :

1° en 1804 au concours de Meaux par M. Ringelmann, chef de la station des Essais des machines agricoles, dont on connaît la compétence et le soin tout particulier qu'il apporte dans ses expériences; 2° au concours de Cambridge en Angleterre.

Concours de Meaux. — Nous résumerons ici très brièvement les résultats constatés dans ce concours; le pétrole employé était du pétrole russe de densité 0,823.

Pétrole consommé (en kilogrammes).

MACHINES [1]	PÉTROLE CONSOMMÉ (en kilogrammes)					
	PAR HEURE AUX PUISSANCES DE				par mise en train	en 10 heures [2]
	à vide	2 ch. 1.5 P.	4 ch. 3 P.	5c h. 3,7 P.		
Hornsby.............	0,870	1,170	1,950	2,680	0,580	18ᵏ,6
Niel mi-fixe..........	0,821	1,160	1,510	1,680	0,055	14ᵏ
Grob locomobile......	1,900	1,780	1,800	2,120	0,031	18ᵏ,4
Wenterthur..........	1,085	1,600	1,680	1,950	0,028	16,8
Grob mi-fixe.........	0,427	0,850	1,300	1,500	0,025	11,4
Griffin.............	0,840	1,150	1,465	1,880	0,365	14,5
Merlin.............	0,410	0,910	1,440	1,730	0,016	12ᵏ,6
Niel locomobile.......	0,760	3,285	3,015	3,565	0,051	32,2

1. Classement des moteurs résultant des divers coefficients appliqués :

Merlin	locomobile Note	25,95
Grob	1/2 fixe	25,63
Griffin	—	24,81
Niel	—	22,66
Winterthur	—	21,94
Hornsby	—	17,55
Niel	locomobile	17,25
Grob	—	16,55

2. Décomposées en : 1 heure à vide

2 heures	à 2 chevaux
6	à 4 — et 2 allumages
1	à 5 —

Frais journaliers

MOTEURS	FRAIS FIXES Coef⁰ 0 001		MÉCANICIEN à 3 fr. 50		PÉTROLE par jour à 0 fr. 40		HUILES A GRAISSER à 0 fr. 50		FRAIS journaliers
	Achat	Frais	Temps	Frais	Poids	Frais	Poids	Frais	
Hornsby...............	4,100	»	0,3	»	18,6	»	1,150	»	»
	»	4,10	»	1,05	»	7,44	»	0,57	13,16
Niel mi-fixe............	4,400	»	0,5	»	14	»	0,320	»	»
	»	4,40	»	1,75	»	5,60	»	0,16	11,91
Grob locomobile........	5,400	»	0,5	»	18,4	»	0,250	»	»
	»	5,40	»	1,75	»	7 36	»	0,12	14,63
Winterthur............	3,900	»	0,5	»	16,3	»	1,600	»	»
	»	3,90	»	1,75	»	6,52	»	0,50	12,47
Grob mi-fixe	3,800	»	0,3	»	11,4	»	0,408	»	»
	»	3,90	»	1,05	»	4,56	»	0,20	9,61
Griffin.................	4,100	»	0,3	»	14,5	»	0,349	» .	»
	»	4,10	»	1,05	»	5,80	»	0,17	10,78
Merlin.................	3,500	»	0,3	»	12,6	»	0,212	»	»
	»	2,50	»	1,05	»	5,04	»	0,11	9,70
Niel locomobile..........	7,000	»	0,3	»	32,2	»	0,512	»	»
	»	7	»	1,05	»	12.88	»	0,25	21,18

D'après les chiffres ci-dessus, nous pouvons établir le coût de la dépense par cheval-heure qui est de :

	Coût.	Poids de pétrole par chev.-heure.
Hornsby.........	0 fr. 421	0,600
Niel...........	0 fr. 384 et 0,700	0,450 et 1ᵏ150
Grob..........	0 fr. 472 et 0,310	0,600 et 0,370
Winterthur......	0 fr. 402	0,530
Griffin	0 fr. 818	0.450
Merlin..........	0 fr. 472	0,400

Il résulte de ce calcul que le cheval-heure revient au minimum à 0 fr. 31 ; au maximum 0 fr. 48 (si l'on écarte la locomobile Niel qui coûte 0 fr. 70) et que la moyenne est de 0 fr. 39.

Dépense de pétrole. — Les dépenses de pétrole ont donc varié de 370 grammes à 600 gr. avec une moyenne de 483 grammes.

Concours de Cambridge. — Le concours de Cambridge a donné par cheval-heure, allumage compris et marche à pleine force, 0 k. 372 de pétrole comme dépense minimum d'un Crossley locomobile, et un maximum de 0 fr. 080 avec une moyenne de 0 gr. 498.

D'autre part, des essais du Priestmann ont donné 390 gr., du Trusty 300 grammes et enfin du Diesel 250 grammes.

Résumé des concours :

Concours —	Maximum.	Minimum.	Moyenne.
Meaux............	600 gr.	370	483
Cambridge........	680 gr.	372	493
Nîmes...........	795 gr.	537	655 3 ch.
			584 6 ch.
Tervueren........	843 gr.	616	671
Berlin...........	609 gr.	375	501

On voit que les concours de Meaux, de Cambridge et de Berlin ont donné des moyennes identiques qui peuvent être considérées comme représentant la consommation actuelle des bons moteurs, laquelle est donc de 0 k. 500 par cheval-heure et peut tomber avec certains à 400, 300 et même 250 grammes ; et nous pouvons établir le prix total moyen comme suit :

Frais fixes, coût 4.000 fr.................	4,00
Mécanicien à 3 fr. 50	1,05
Graisse 0 k. 50 à 50 fr...................	0,25
Pétrole : 30 chev.-heures à 500 gr. à 40 fr...	6,00
	11,30

Soit par cheval-heure 0 fr. 377.
Avec 250 gr., la dépense tombe à 0 fr. 277.

Au concours agricole de Paris en 1807 de nombreux moteurs figuraient : tous marchaient à l'huile lampante, la gazoline était l'exception pour un ou deux ; mais, si l'on excepte le moteur anglais Priestmann avec sa mise en train automatique et son allumage électrique, tous les autres sont identiques et ne diffèrent que par la construction ; presque tous ont adopté l'allumage par une chambre portée au rouge par l'explosion ; c'est peu compliqué, mais ce n'est pas, à mon avis, ce qu'ils ont fait de mieux.

Le tableau suivant montre les progrès réalisés au point de vue de la dépense.

Concours de Berlin en 1894.
Pétrole employé : 0 fr. 797.

		Travail effectif.	Par ch.-heure.
Daimler.............	4 ch.	3 ch. 25	600 gr.
Otto..............	4	4	575
Durkopp...........	4	4,46	585
Hille.............	8	8,12	450
Kœrting...........	4	4,15	600
Robey.............	2	1,82	1190
Altmann .... {	12	12,10	423
	8	8,16	378
Swderski	10	10	875
Langensapen........	8,	7,82	518

Concours de Cambridge.

Britannia.............	7	{	6,64	680
			4,47	690
Campbell.............	6	{	4,48	
			2,74	511
Clarke...............	6			
Crossley.............	7,5	{	7,03	872
			8,80	600
Fiedling-Platt.........	8		5,88	444
Hornsby..............	8	{	8,47	685
			4,48	
Samuelson............	8			
Capitaine........... ..	5			
Wells...............	4	{	6,62	522
			8,50	753
Trusty	5	{	4,95	508
			2,56	680
Knight et Weyman......	6		6,21	

Concours de Meaux.

	Travail effectif	Par cheval-heure
Hornsby	3,86	482 gr.
	1,85	616
Niel	6,23	307
	8,93	379
Grob locomobile	6,20	420
	1,99	893
Winterthur	5,21	885
	1,98	810
Grob	7,84	271
	1,73	448
Griffin	4,11	861
	2,11	852
Merlin locomobile	4,80	347
	2,29	488
Niel locomobile	6,88	700
	1,96	1.679

Concours de Tervueren, Belgique.

	Puissance	Travail effectif	Par cheval-heure
Gnome	5 gr.	5,1	616 ch.
Capitaine	4	4,5	641
Société française de Vierzon	4	5,1	843
Société française de Vierzon locomobile	8	9,0	622
Swiderski locomobile	8	8,2	
Hille locomobile	10	9,1	633

Essai d'un moteur Diesel.

A pleine charge	19,87	247
A demi-charge	9,58	278

Concours de Nîmes
Mai 1899

Essai d'un moteur Otto :
    2 ch. 81 effectifs.... 456 grammes
    14 — 56 — .... 873 —
Essai d'un moteur Brustmann :
    9 ch. 87 — .... 400 grammes.

MOTEURS	Consommation par ch.-heure de pétrole à 0.500.	quantité d'eau élevée à 5m par litre de pétrole.
Mellot, 8 chevaux.............	0l785	28mc97
Gnome, 8 chevaux...........	0,578	30, 43
Gardener, 3 chevaux.........	0,681	35, 13
Niel, 4 chevaux.............	0,625	43, 54
Campbell, 6 chevaux.........	0,537	40, 62
Société de Vierzon, 6 chevaux...	0,558	37, 64
Japy, 6 chevaux.............	0,654	26, 42
Hornsby, 6 chevaux.........	0,550	42, 54
Niel, 11 chevaux.............	0,621	48, 87

Installation des moteurs à pétrole. — Le moteur à gaz est le moteur de la ville, le moteur à pétrole est le moteur de la campagne.

L'on a eu un moment une tendance à construire ces moteurs locomobiles, il semble que ce mode de construction soit un peu abandonné des constructeurs et réservé actuellement par eux aux usages spéciaux du battage ; et cela semble d'autant plus rationnel, car le moteur de petite force a peu d'applications en des endroits successifs, et l'on tend plutôt actuellement à accoler ces petits moteurs à de petites batteuses fixes précédemment actionnées par un manège.

Dans ce dernier cas, tout est prévu, il n'y a aucune installation spéciale.

Dans le cas d'un moteur locomobile, il faut caler les roues à l'aide des sabots livrés avec la machine, et la mettre de niveau dans le sens de la largeur, dans l'autre sens cela n'a pas d'importance.

Il est bon d'enfoncer dans le sol, à l'avant des patins, deux tiges de fer ou de bois de façon à éviter tout déplacement dans le sens avant.

L'on place à côté du moteur un réservoir quelconque, baquet ou autre, contenant l'eau.

Pour en réduire le volume, l'on emploie ou des châssis à persiennes construits spécialement, ou plus économiquement des fascines suspendues entre deux perches, sur lesquelles vient tomber l'eau avant d'arriver au réservoir.

Cette méthode très simple et très économique réduit de plus de moitié la quantité d'eau disponible.

Plus l'on place les fascines haut, meilleur est le procédé.

Moteur fixe. — Le moteur fixe s'installe absolument de la même façon que le moteur à gaz.

La maçonnerie doit être plus importante que pour le premier, mais, quelle que soit sa solidité, elle a toujours des trépidations, dont il ne faut ni s'étonner, ni s'effrayer, et qui sont d'autant plus fortes que le moteur est plus puissant.

Le réservoir est généralement placé à niveau du sol, il peut reposer directement sur le sol ou mieux sur deux traverses, cela permet de voir les fuites et évite la rouille du fond.

Se souvenir que l'odeur de l'échappement d'un moteur se fait sentir à 100 et 150 mètres et que le bruit s'entend à la même distance, si l'on ne veut pas être incommodé.

Conduite. — Tout ce que nous avons dit précédemment au sujet du moteur à gaz s'applique au moteur à pétrole.

Le moteur à pétrole est, plus encore peut-être que le moteur à gaz, un moteur à puissance fixe et invariable sans aucune souplesse et dans lequel toute augmentation d'arrivée du pétrole au-dessus de la quantité normale ne sert qu'à produire l'emballement du moteur, qui marche alors par soubresauts tellement violents qu'il s'arrache de ses fondations s'il est fixe, et qu'il se déplace s'il est locomobile ; dans ce cas, outre le danger d'accidents graves, la puissance ne peut plus être utilisée.

Comme il est plus difficile de régler les rapports de pétrole et d'air que de gaz et de pétrole, il est bon, une fois le point trouvé, de repérer les positions des robinets d'air et de pétrole, dont on s'écarte généralement très peu pour tenir compte des variations atmosphériques.

Graissage. — Le graissage s'opère de la même façon que pour le moteur à gaz.

Mise en marche. — La mise en marche comprend les mêmes opérations que pour le moteur à gaz :

1° Ouvrir les graisseurs et l'eau de refroidissement ;

2° Préparer l'allumage ;

3° Ouvrir l'arrivée du pétrole ;

4° Tourner au volant.

Coups de pétard. — Il peut se produire en marche des coups de pétard ; cela provient ou des soupapes ou d'une trop grande arrivée de pétrole, qui ne se brûle pas et s'allume dans l'échappement.

Régler ou nettoyer suivant le cas.

Emballage. — Assez souvent les moteurs à pétrole s'emballent, c'est-à-dire tournent à toute vitesse ; il faut dans ce cas arrêter de suite le moteur, car il peut y avoir du danger ; outre que cela abîme la machine, arrache les boulons de fondation et démolit le socle, il pourrait se produire des ruptures de pièces.

Cela provient d'une trop grande arrivée de pétrole. Ou c'est l'arrivée qui fonctionne mal et en fermant incomplètement laisse pénétrer le pétrole, ou c'est le régulateur qui est déréglé et ouvre d'une trop grande quantité ; voir dans ce cas si celui-ci est à sa place et si les axes de transmission ne sont pas dérangés par desserrage d'une vis ou d'un écrou.

Entretien. — Tout ce qui a été dit pour le moteur à gaz, s'applique au moteur à pétrole.

Si le moteur fonctionne en plein air, avoir soin de tenir toujours ses organes gras, et de le bâcher lorsqu'on ne s'en sert pas. Et, dès que la rouille apparait, la faire disparaître à l'aide du pétrole ; sans cela l'on n'arrive plus à l'enlever sans un travail considérablement long.

Applications. — Si le moteur à gaz est le moteur employé à la ville, le moteur à pétrole sera celui employé à la campagne, et cela pour deux raisons : la première, l'absence de gaz, et, la seconde, que ce moteur se trouve relégué hors des villes par suite des droits d'octroi dont celles-ci frappent le pétrole.

Il y a donc pour ce moteur un avenir très considérable, car, par suite de ses qualités : absence d'ouvrier spécial, facilité de mise en marche, d'arrêt, suppression de combustible, il y a une série d'applications agricoles, telles que mises en marche d'outils de ferme, de laiterie, de beurrerie, de pompes, d'éclairage de la ferme et du château par l'électricité.

Mais ici, comme pour le moteur à gaz, ce moteur n'est pas une panacée universelle, et à côté de ses avantages il faut mettre son coût dès que l'on arrive dans les forces de chevaux un peu importantes.

Parmi ces applications, nous étudierons celle de la production d'électricité qui se présente souvent et pour laquelle l'on demande des conditions particulières, non exigées par les autres.

Tout ce qui a été dit précédemment pour le moteur à gaz s'applique également au moteur à pétrole avec cette différence que la régularité de ce genre de moteur est encore moins grande que dans le moteur à gaz, car les ratés y sont plus fréquents; de plus, pour que ces moteurs marchent régulièrement, surtout les moteurs à inflammation par chambre de combustion, il faut qu'ils aient la pleine charge à produire.

Or, ce n'est pas le cas de la production d'électricité pour l'éclairage, car deux cas peuvent se présenter : le premier, où le moteur ne sert qu'à produire de l'électricité pour l'éclairage; le second, où l'électricité ne vient que comme accessoire.

Dans le premier cas, vous devez, si vous voulez marcher le mieux possible, choisir votre moteur

14

exactement de la force prise par les lampes et cela vous condamne alors à marcher avec toutes les lampes allumées, ou bien à intercaler une résistance variable sous la forme d'un rhéostat qui compensera le nombre de lampes non allumées.

Dans les deux cas, vous produisez donc de l'électricité inutilement, soit pour éclairer des lampes dont vous n'avez nul besoin, soit pour la transformer en chaleur dans le rhéostat.

La solution d'accumulateurs comme volant ou même la charge d'accumulateurs est encore plus délicate à résoudre que dans le premier cas, car les accumulateurs demandent à être chargés sous une tension constante ; or la tension de la dynamo ne l'étant pas, il s'ensuit que le disjoncteur placé sur la batterie pour éviter les à-coups est constamment relevé et que la batterie ne se charge pas, et, si l'on fait l'économie d'un disjoncteur, les accumulateurs, loin de se charger, se déchargent dans la machine chaque fois que la tension s'abaisse et, après plusieurs heures de charge, n'en possèdent aucune et même quelquefois moins qu'à l'origine.

Dans le second cas, le moteur sert à mettre en mouvement d'autres machines, telles que des petites machines de ferme. Il ne faut, pour arriver au total de la force du moteur, n'y ajouter que des machines absolument régulières et continues, telles qu'une pompe.

Si vous ajoutez un appareil dont la force est variable, tel qu'un moulin ou un coupe-racines, ou des appareils à arrêts fréquents, il est impossible de voir clair avec les lampes qui brillent d'un éclat dangereux, si le moulin prend peu de force, et qui s'éteignent dès que celui-ci en prend un peu.

Ce qui fait adopter le moteur à pétrole de préférence à la machine à vapeur, c'est, dit-on, qu'il supprime un surveillant; c'est vrai sur les catalogues mais non en pratique, car en admettant que l'on n'en ait pas besoin pour la surveillance du moteur, ce qui n'est pas, il faut surveiller l'électricité et la surveiller d'autant mieux que sa production est plus irrégulière.

Il est un cas où l'on obtient un éclairage assez régulier par l'emploi de ces moteurs, c'est lorsque, installés avec les précautions indiquées précédemment, ils sont situés à une assez grande distance de l'endroit à éclairer, à 50 mètres au moins, et que la ligne offre une assez forte résistance; cette résistance régularise assez bien et les à-coups ne sont pas trop sensibles.

III

MOTEURS A GAZ PAUVRE.

Gaz pauvres.

Gaz à l'eau. — Gaz Dowson. — Si l'on fait arriver de l'eau sur du charbon porté à haute température, l'eau se décompose en ses éléments oxygène et hydrogène, celui-ci reste libre, tandis que l'oxygène se combine au carbone et donne de l'acide carbonique et de l'oxyde de carbone.

L'on obtient ainsi un mélange combustible contenant 57 pour 100 d'hydrogène et 28 pour 100 d'oxyde de carbone mélangé à 15 pour 100 d'acide carbonique non combustible.

L'on sait qu'en présence du charbon, l'acide carbonique se transforme en oxyde de carbone.

L'on peut donc transformer les 15 pour 100 de gaz inerte en un gaz combustible et avoir pour résultat final théorique un mélange combustible d'oxyde de carbone et d'hydrogène.

C'est ce gaz qui est appelé *gaz à l'eau* et aussi, du

nom des inventeurs des appareils, gaz Lowe, gaz Strong, gaz dont la composition varie suivant le système de l'appareil producteur.

Cette transformation ne s'opère que si la colonne de charbon est en pleine incandescence; ce qui n'a lieu que par intermittence, vu qu'elle se trouve éteinte par l'envoi de la vapeur d'eau. L'on doit donc lui envoyer de l'air en certaine quantité pour lui faire reprendre cet état; durant cette période, l'on obtient un gaz beaucoup moins riche en hydrogène et en acide carbonique puisque l'arrivée d'eau est interrompue et remplacée par de l'air, riche en azote; c'est ce gaz qui est appelé gaz Siemens. Mais, en pratique, l'on dispose les appareils de façon à obtenir en même temps la production des deux gaz et l'on a un mélange que l'on désigne sous le nom de gaz pauvre.

Gaz.

	A l'eau.	Siemens.	Pauvre.	Dowson.	Taylor.
Hydrogène...............	13 vol.	8 vol.	10	12 à 16	12
Oxyde de carbone......	25 vol.	24 vol.	27	20 à 22	27
Carbures...............	4	2	«	0 à 4	1
Gaz inertes............	8	66	53	68 à 58	60
	100	100	100	100 100	100
Par kilogramme de charbon	0m,850	en 4mc	4m,5		
Pouvoir calorifique par mètre cube	2.500	1.150	1.400	1.400 calories.	

Ces deux gaz, gaz à l'eau et gaz pauvre, sont donc identiques comme composition mais diffèrent dans les rapports de cette composition par suite des appareils qui les produisent; ils ont, par suite, des pouvoirs calorifiques très distincts, ce qui ne permet qu'à certains d'entre eux d'être applicables aux moteurs. 1.250 calories étant nécessaires pour cette application, l'on voit que le gaz Siemens ne peut être employé, que le gaz Dowson est dans de bonnes conditions et que le gaz Strong lui serait bien supérieur mais demande, pour être produit, des appareils très puissants, ce qui, au point de vue de l'emploi dans les moteurs de force courante, lui retire ses avantages et lui fait préférer les gazogènes genre Dowson.

Ces compositions sont des résultats d'une ou plusieurs analyses faites sur ces divers gaz, mais elles n'ont rien d'absolu et les rapports trouvés dans une analyse suivante peuvent être très différents, les rapports des gaz variant sous l'influence de la marche du générateur et aussi d'après le charbon employé.

Aussi d'assez nombreuses applications ont été tentées dans cette voie et en présence des premiers résultats ; l'on a vu en eux le substitut de la vapeur dans la production de force, surtout le jour où un hardi ingénieur, M. Matter, en collaboration avec MM. Delamarre, Debouteville et Malandin, lança des moteurs à gaz pauvre de 100 et de 200 chevaux.

Malheureusement le succès ne justifia pas et ne récompensa pas cette hardie tentative et il fallut revenir à la vapeur.

Actuellement les perfectionnements apportés permettent d'espérer un meilleur résultat et un moteur

Crossley de 104 poncelets fonctionne à Birmingham.

Nous avons dit précédemment que la composition des gaz était instable, et elle l'est en effet à chaque instant de la marche ; elle dépend du combustible employé et telle mine dont la houille nous donne un gaz, nous donne à une autre venue un gaz tout différent ; elle dépend aussi de la manière dont on conduit l'appareil ; de sa température intérieure plus ou moins élevée[1] ; de la quantité d'air et de la quantité d'eau introduites.

Il y a là une série de facteurs qui sont tous aussi prépondérants les uns que les autres, et une modification de l'un d'eux influe sur tous les autres, et cela d'autant plus facilement que les divers phénomènes de la fabrication se passent dans un milieu aussi invisible qu'intangible où l'on ne peut prévoir ce qui s'y passe et par suite modifier la composition des gaz produits. C'est le point faible du système et c'est ce qui en est la pierre d'achoppement et a fait évanouir les rêves entrevus.

Si l'on arrivait à obtenir une composition constante, la machine à vapeur aurait vécu ; mais cette composition n'est pas constante, elle varie, l'on peut dire à chaque instant ; il en résulte que la puissance calorifique et par suite la force motrice varient à chaque minute.

1. Température de l'intérieur du gazogène :

En bas de la cuve.........	environ	1000°
Un peu au-dessus..........	—	1300°
Au haut de la cuve........	—	550-600°
Échappement.............	—	550°

Pour remédier à cet inconvénient il faudrait pou-voir rendre fixe la composition par l'épuration, mais alors toute la simplicité et par suite l'économie de la fabrication disparaissent.

Historique. — L'histoire des moteurs à gaz pau-vre est intimement reliée à celle des appareils pro-ducteurs, c'est-à-dire les gazogènes ; aussi trouvons-nous dès l'abord les noms de Thomas et Laurens, qui furent les créateurs du gazogène et les premiers pro-ducteurs de gaz pauvre, lesquels furent utilisés indus-triellement ensuite par Siemens en 1861, sans oublier ici le nom de Lencauchez.

Nous trouvons ensuite les noms de Tessier du Motay, de Strong et de Lowe, qui fabriquèrent du *gaz à l'eau*.

La première application de ces gaz aux moteurs fut faite en 1862 à l'aide du gazogène Trébouillet ; l'application pratique aux moteurs revient à Dowson et à Crossley.

Dowson construisit en 1878 le premier type in-dustriel de gazogène que j'appellerai portatif par op-position aux types fixes en briques de Thomas Laurens et Siemens et qui fut appliqué aux moteurs Crossley en 1879 et prit son premier essor vers 1882.

Ce fut en France en 1884 que MM. Matter, Debou-teville et Malandin de Rouen étudièrent cette ques-tion et présentèrent en 1887 un moteur de 20 che-vaux, puis à l'Exposition de 1889 un moteur à un seul cylindre de 100 chevaux, laissant loin derrière lui comme puissance tous ceux parus jusqu'alors en tant que moteurs à gaz tonnant.

Un type de 300 chevaux fut construit ensuite et appliqué aux moulins de Pantin en 1894.

Peu après, les ateliers de Stockport mirent en construction un moteur de 400 chevaux.

En 1885, M. Gardie alimente ses moteurs à l'aide d'un gazogène soufflé à haute pression et supprime tous les appareils intermédiaires employés jusqu'alors, gazomètre, scrubber et laveur.

En 1894, M. Bénier arrive au même résultat et supprime de plus la chaudière en opérant par appel du gaz.

La Compagnie des moteurs Niel arrive ensuite avec le gazogène Taylor-Fichet-Heurtey.

Nous sommes en 1897 et l'avenir qui apparaissait si brillant pour les moteurs à gaz pauvre est singulièrement obscurci; la société anonyme des anciens établissements Powell, qui a succédé à la maison Mather, disparaît, tuée par ses essais et l'insuccès pratique de ses moteurs de 100 et 300 chevaux au gaz pauvre.

Actuellement ils semblent reprendre un nouvel essor, mais dans des puissances inférieures dont 175 chevaux paraît être le maximum, et avec moteur à deux cylindres.

L'emploi des gaz pauvres doit être continué, car la marche des moteurs par ce gaz est économique, même en tenant compte de l'installation assez coûteuse du gazogène, ce qui dans beaucoup de cas en restreindra l'emploi et donnera en pratique un minimum qui sera très probablement de 15 à 20 chevaux.

Choix du combustible. — Le gaz pauvre demande pour être produit des combustibles spéciaux ; il faut que le charbon soit poreux de façon à présenter le maximum de surface en contact avec les gaz, qu'il ne soit ni friable, ni décrépitant, ni agglutinant, qu'il donne le minimum de cendres et surtout qu'il ne soit pas collant de façon à ne pas former une croûte qui s'opposerait à tout passage de gaz.

Et il faut tenir compte que, quel que soit le combustible choisi, les résultats peuvent varier du tout au tout, la provenance et la qualité du charbon restant les mêmes, par suite de variations dans la composition chimique, qui ne le modifient pas à première vue.

Cette cause est un des gros inconvénients des gazogènes.

Combustibles employés. — Les combustibles les plus employés sont l'anthracite, le coke, la houille et des mélanges de ces divers charbons.

Anthracite. — Très employé en Amérique où il est à bon marché, il n'en est pas de même en Europe, vu son prix.

C'est lui qui donne les meilleurs résultats, vu qu'il se tasse régulièrement, ne forme pas de croûte compacte et permet le passage de la vapeur d'eau très longtemps.

Les meilleurs sont les anglais (Galles et Llavelly) et certains de France (Isère) et d'Espagne.

Houille. — La houille n'est généralement pas employée seule, elle est mêlée avec du coke ou avec de l'anthracite et l'on doit de plus choisir des houilles aussi maigres que possible; celles du Pas-de-Calais, d'Anzin, de Nœux; certaines houilles maigres de Belgique (Namur et Charleroi) sont à choisir de préférence.

Coke. — Le coke donne d'assez bons résultats, mais il produit de 10 à 25 pour 100 de cendres et de scories, lesquelles, outre cela, corrodent les grilles, forcent à de fréquents nettoyages et à de nombreux envois d'air.

Coke et anthracite. — Dans un but économique l'on mélange quelquefois ces deux combustibles dans le rapport 1 à 5.

Consommation par cheval-heure. — La consommation est variable et semble comprise entre 450 et 700 grammes de combustible par cheval-heure; elle dépend non pas de la puissance du moteur qui ne paraît pas avoir d'influence, pas plus que le système de générateur, mais du combustible employé.

Voici quelques résultats d'expériences d'après M. Witz :

MOTEURS.	FORCE en chevaux effectifs.	CONSOMMATION par cheval-heure effectif en grammes.		CONSOMMATION. TOTALE.
		Anthracite.	Coke.	
Crossley......	18	516	96	612
	2ó	»	»	467 charbon noir.
	60	652	77	729
	120	270	67	846
Bénier.......	14,59	714	»	»
	14,7	»	752	»
Otto........	132	»	740	»
Niel.........	22	»	775	»
Stockport.....	75	»	»	410
Simplex......	60	»	»	603
	100	»	»	612

Puissance des moteurs. — La puissance des moteurs à gaz pauvre est actuellement au minimum de 6 chevaux; les plus petits gazogènes produisent 25 grammes de gaz; en dessous de cette dimension leur fonctionnement est mauvais et il n'y a aucune économie sur la machine à vapeur.

La puissance maximum a été le moteur Matter de 300 chevaux, mais c'est le premier et le dernier fait et il est plus que probable que l'avenir ne verra plus de moteurs de 100 chevaux à un seul cylindre.

PRIX DE REVIENT DU PONCELET. — Ce prix est inférieur à celui de la machine de vapeur comme dépense de combustible; mais il y a à tenir compte du prix d'achat qui, dans la généralité des cas, doit être plus élevé

GAZOGÈNES. — Le principe de construction d'un gazogène est d'avoir une colonne de charbon pouvant être portée à une haute température, chargée par la partie supérieure et permettant l'échappement des gaz qui se rendent dans des chambres en matériaux incombustibles où ils refroidissent.

Lorsque ces appareils produisent des gaz pour moteurs, on leur adjoint un système d'épuration et un appareil de production de vapeur.

Gazogène Dowson-Pierson. — Ce gazogène comprend 9 parties :

1° Une chaudière à vapeur à haute pression, avec un système d'alimentation, un compresseur d'air et un réglage variable de l'air et de la vapeur.

2° Un générateur de gaz formé d'une cuve métallique à garniture intérieure réfractaire, avec grille à la partie inférieure, portant à la partie supérieure une trémie automatique de chargement ; elle est munie de portes et de regards, recevant l'air et la vapeur par un injecteur Koerting.

3° Un surchauffeur du mélange utilisant les calories perdues du gaz produit pour envoyer sous la grille des gaz très chauds.

4° Un condenseur-refroidisseur, refroidissant le gaz et condensant les goudrons.

5° Une colonne à coke humide destinée à épurer le gaz des poussières et de l'ammoniaque.

6° Des épurateurs chimiques à claies retenant l'acide sulfhydrique et l'acide carbonique.

7° Un gazomètre emmagasinant le gaz.

8° Les appareils sont reliés par une tuyauterie de grande section ce qui refroidit le gaz et facilite la circulation.

9° Un appareil témoin.

Ce gazogène peut produire 4.500 litres de gaz à 1.400 calories par kilogramme d'anthracite anglais. La vapeur envoyée varie comme température entre 200 et 300°; l'on charge toutes les 10 minutes.

Avec du charbon à 30 francs la tonne, on produit une quantité de gaz revenant d'après le fabricant à 0,05 ou 0,07 comparé au m. c. de gaz Lebon. Il faut nettoyer la grille toutes les 12 heures, l'épurateur tous les 3 jours et l'ensemble tous les 3 mois.

Gazogène Taylor. — Cet appareil diffère du précédent comme disposition.

La colonne du générateur est fermée inférieurement par une trémie et un plateau cylindrique pouvant tourner à la main et portant au centre une cheminée d'arrivée de gaz.

Dans cette trémie viennent s'accumuler les mâchefers, qui tombent sur le plateau et en sont expulsés par le mouvement de rotation.

Les gaz produits s'échappent par la partie supérieure et se rendent dans un jeu d'orgue, lequel est entouré d'une circulation, en sens inverse, d'air et de vapeur qui fonctionne sous l'action d'un injecteur à vapeur placé latéralement et alimenté par une petite chaudière tubulaire placée sur la sortie du gaz.

Ce mélange d'air et de vapeur porté à une haute température par son passage autour du jeu d'orgue, descend latéralement à la cuve et arrive au centre de celle-ci par la cheminée spéciale.

Les gaz du gazogène déposent dans une cavité située sous le jeu d'orgue les poussières et les goudrons, puis passent par une colonne à coke et un épurateur chimique avant de se rendre au gazomètre.

Ce gazogène fonctionne à l'anthracite anglais ou au charbon maigre d'Anzin.

Il a été modifié en Amérique par M. Winand, qui supprime la chaudière en entourant d'eau la cuve.

Machines employées et applications. — Les moteurs utilisant le gaz pauvre sont les moteurs à gaz ordinaire ; les seules modifications qui existent, quand il y en a, sont dans l'allumage qui est quelquefois plus puissant.

Avec chaque gazogène marche le moteur à gaz du même constructeur, et tout ce qui a été dit précédemment s'applique à ces moteurs.

Les applications industrielles sont, à l'encontre du moteur à gaz ordinaire, du domaine de la grande industrie, où il lutte avantageusement comme prix de revient avec la machine à vapeur, et 15 à 20 chevaux seront probablement les minimums pratiques.

IV

MOTEURS A AIR.

L'air a, comme tous les fluides, la propriété d'emmagasiner de la chaleur et, sous l'influence de cette chaleur, d'acquérir une tension assez considérable ; par chaque degré d'élévation de sa température l'air se dilate de 1/267 de son volume primitif.

Un litre d'air à 0° acquiert, lorsqu'il est chauffé, une tension de 2 atmosphères. Cet accroissement de tension croît très rapidement avec la température et la chaleur ainsi absorbée peut se transformer en puissance utilisable.

La différence entre un moteur à air et un moteur thermique est devenue négligeable théoriquement depuis que l'on construit des machines à foyer intérieur, dit M. Witz, et il a raison, non seulement théoriquement, mais encore pratiquement.

Dans le moteur à gaz, nous comprimons de l'air, nous élevons sa température et par suite sa pression en brûlant au milieu même de cet air un combustible gazeux, puis on utilise sa détente ; dans le moteur à air, on comprime de l'air, on le chauffe par son contact avec les parois d'un foyer alimenté par un combustible, puis on le détend derrière un cylindre.

Il n'y a donc qu'une différence, c'est que dans le premier cas le combustible est gazeux, et le foyer est sous le cylindre ; dans le second il est solide, et le foyer est placé à côté.

Le moteur à air paraît donc la machine thermique par excellence ; mais il n'en est actuellement pas là ; car si la tension croît rapidement sous très peu de chaleur, elle diminue non moins rapidement sous une faible détente et par suite la puissance produite cesse bien avant que la chaleur absorbée soit utilisée.

Ces moteurs, créés en 1821 par Bresson, sont surtout connus par la machine d'Ericsson inventée en Amérique en 1849, laquelle consommait 5 kgr. 88 de houille par cheval-heure.

D'assez nombreuses machines ont été inventées par Belon, Lehmann, Stenberg, Brown, Van Rennet, Hack, Franchot, Holdorff, Lanbereau, Rider, qui ont amélioré quelque peu la machine première d'Ericsson ; d'autres plus récemment ont poursuivi ce but : Bénier, Buckett, Shaw-Genty ; mais les résultats sont encore loin de l'attente et, à part pour de très petites forces, la machine à air reste inférieure à la machine à vapeur et au moteur à gaz.

M. Bénier a obtenu les meilleurs résultats avec un moteur de 7 chevaux exposé en 1889, qui ne consommait que 900 gr. de coke de four lavé par cheval-heure, mais le coke est un combustible assez coûteux et qui ne se trouve pas partout.

Plus récemment M. Genty, ingénieur des Mines, a créé un nouveau type[1] avec récupérateur de chaleur ; ce type, qui est employé au phare du Cap d'Antifer pour l'éclairage, est d'une puissance de 11 Poncelets ; le combustible employé est :

Coke de four, 60 pour 100 ;

Coke de pétrole, 40 pour 100.

Consommation : 2 kilogrammes de combustible par Poncelet-heure (1,400 grammes par cheval-heure).

Prix de revient, moteur Bénier, 1 P 1/2 le P.-h. 0,44 ;

—   —   3 P 1/2 le P.-h. 0,30.

MOTEURS A AIR COMPRIMÉ.

Les moteurs à air comprimé ne peuvent être utilisés que de deux manières, soit qu'il y ait une canalisation fixe avec usine de compression, ce qui est le cas de certains quartiers de Paris, soit que l'on transporte l'air en réservoir, tel est le cas des tramways du système Mekarski.

Dans les deux cas, le problème est le même : on comprime de l'air, d'où perte de travail, par suite de son élévation de température au moment de la compression ; puis on l'envoie au récepteur où il se détend et se refroidit, d'où nouvelle perte de travail ; dans les deux cas également la perte croît avec

1. Voir *Génie civil*, août 1892.

l'intensité de la pression, de plus il faut ajouter les pertes dans les conduites par le frottement et par les joints.

Le mode de transmission est donc d'un très mauvais rendement, de 15 à 20 pour cent environ; on l'améliore un peu en réchauffant l'air à son arrivée dans le moteur.

Pour le transport de l'air comprimé dans des réservoirs, on emploie le système Mekarski qui utilise un mélange d'air et de vapeur dont la chaleur latente limite l'abaissement de température lors de l'utilisation, ce qui améliore le rendement.

Moteurs. — Toutes les machines à vapeur peuvent être employées pour fonctionner par l'air comprimé, particulièrement le type Westinghouse, qui est peu encombrant.

A Paris, les petits moteurs sont des turbines rotatives; les autres des machines à vapeur, horizontales ou verticales, avec réchauffement d'air formé par un calorifère à gaz qui élève la température à 50°. Le Poncelet-heure revient à environ 1 fr.

MOTEURS A AIR RARÉFIÉ.

Ces moteurs ne peuvent comme les précédents que s'employer là où existe une usine centrale.

L'air est aspiré dans des conduites aboutissant au moteur, et, sous l'influence de la pression atmosphérique, le piston descend.

Il résulte de ce mode d'emploi que la force est très limitée, si l'on ne veut avoir des pistons de trop grands diamètres; de plus l'on ne peut transmettre la force qu'à très faible distance.

Une usine a été créée à Paris dans le IIIᵉ arrondissement, elle a aujourd'hui cessé de fonctionner.

Moteurs. — Les moteurs employés étaient des moteurs verticaux avec cylindres oscillants. Ils étaient de puissance de 0,03, 0,06, 0,12, 0,24, 0,40, 0,80, 1 et 1,5 Poncelet. Pour les forces supérieures, l'on plaçait plusieurs moteurs. Leur rendement était de :

0,03 à 0,06	de	40 à 45 p. 0/0
0,62 à 0,24	—	20 à 55 —
0,40 à 0,80	—	60 à 65 —

Prix de revient, 2 fr. 50 le P. pour les petites forces et 0 fr. 75 pour un Poncelet et au-dessus.

V

MOTEURS ÉLECTRIQUES

Si nous plaçons deux électro-aimants côte à côte de telle sorte que les pôles de noms contraires soient l'un en face de l'autre, puis qu'entre les deux nous placions un anneau sur lequel sera enroulé du fil de cuivre isolé, lorsqu'on fera tourner cet anneau, les aimants étant fixes, il se développera à l'intérieur du fil un courant électrique qui pourra être recueilli à son extrémité.

Nous aurons ainsi constitué une machine productrice d'électricité qui a reçu le nom de *dynamo*.

La bobine sera l'*induit* ou l'armature de la dynamo et les électro-aimants seront les inducteurs.

Dans la machine pratique, les électro-aimants sont disposés de diverses façons et la bobine ou induit est montée sur un axe et formée par une série d'enroulements de fils séparés qui viennent aboutir sur l'axe au collecteur.

Sur ce collecteur se placent deux lames ou *balais*

15.

chargés de recueillir le courant produit et de le conduire à l'extérieur.

L'axe de l'induit repose sur deux paliers, portés
ainsi que les inducteurs par un bâti ; l'axe est muni
à son extrémité d'une poulie qui reçoit le mouvement moteur.

Excitation. — Pour qu'une machine produise un
courant électrique, il faut que les électros soient eux-
mêmes traversés par un courant ou *excités,* la manière
dont est produit ce courant est appelée l'*excitation.*

Excitation séparée. — Si le courant d'excitation est envoyé par une dynamo spéciale (cas des
fortes machines), la machine est dite à *excitation séparée.*

Excitation en série. — Si le courant d'excitation est le courant produit par la machine, l'excitation est dite « *en série* ».

Excitation en dérivation. — Si au lieu d'avoir
comme courant d'excitation le courant même produit
par la machine, l'on ne prend qu'une partie ou une
dérivation de ce courant, l'excitation est dite « *en
dérivation* ».

Machines compound. — On peut, pour obtenir
les propriétés des deux modes précédents, les combi-
ner et l'on a les machines dites « *compound* ».

Différence produite par l'excitation. —
Dans la machine excitée en *série,* lorsque la résistance extérieure décroît, l'intensité et la force électromotrice augmentent; si au contraire la résistance

extérieure croît, l'intensité et la force électromotrice diminuent.

Dans la machine excitée en *dérivation*, lorsque la

Fig. 64.

résistance extérieure diminue, l'intensité augmente, mais la force électromotrice décroît.

La machine *compound* tend à rétablir l'équilibre lors des variations de la résistance extérieure, l'enroulement en dérivation augmentant la force électromotrice et celui en série la diminuant.

Moteurs électriques. — Cette dynamo produira

de l'électricité sous l'influence de la rotation ; mais, inversement, si l'on envoie à l'induit de l'électricité, cet induit tournera sous l'influence de ce courant et la poulie placée sur son axe pourra cette fois transmettre la puissance, au lieu de la recevoir comme dans le premier cas.

Par cette réversibilité, l'on a transformé la dynamo en une machine productrice de force, c'est-à-dire en un moteur.

Fig. 65.

Le fluide moteur est donc ici l'électricité fournie par une autre dynamo placée plus ou moins loin et qui a reçu pour cette raison le nom de *dynamo génératrice* ou machine *génératrice ;* tandis que celle-ci, devenue « moteur », est appelée la *réceptrice.*

Fig. 66.

Transmission de force. — Cette propriété permet de produire l'électricité en un point où elle se *fabrique* facilement et de l'envoyer par fil conducteur à distance où elle produit un travail, grâce à la réceptrice.

Cette disposition qui porte le nom de *transmission de force* par l'électricité est due à M. Marcel Déprez. Ses applications croissent tous les jours ; car l'on peut produire l'électricité là où elle ne coûte rien, c'est-à-dire sur une chute d'eau, et la transmettre là où on en a besoin, ou encore en opérer la division.

Rendement. — Le mouvement de l'électricité dans un fil est analogue à celui de l'eau dans un tuyau : il y a écoulement et par suite perte de puissance dans le fil, c'est-à-dire perte d'électricité ; cette perte qui est fonction de la longueur du fil, de son diamètre et de sa composition, et qui donne le rendement de la transmission, n'est pas à considérer ici, où nous ne regardons que le côté moteur.

Le rendement que nous étudions est le rendement propre du moteur, c'est-à-dire la puissance qu'il développe sous la puissance qu'il reçoit.

Il varie suivant la force du moteur.

70 pour cent de............	1 à 7	Poncelets
70 à 75 —	7 à 15	—
81 —	15 à 40	—
85 —	75	—

Ces rendements sont les rendements courants. Les moteurs très bien construits et étudiés rendent de 5 à 10 pour cent de plus.

Nota. — Une réceptrice a toujours 5 pour 100 de moins de rendement qu'une génératrice.

Pour actionner les moteurs l'on emploie deux sortes de courants :

1° Les courants continus ;

2° Les courants alternatifs.

D'où nécessité de moteurs différents.

COMPARAISON DE L'EMPLOI DES COURANTS CONTINUS ET DES COURANTS ALTERNATIFS.

Les courants continus ne présentent aucun danger, mais on les emploie peu, car ils demandent des conducteurs très coûteux et par suite ne pouvant s'étaler à de grandes distances, environ 500 mètres avec 2 fils et 1.200 mètres avec 3 fils ; d'autre part, la tension ne peut être élevée à plus 2 à 3.000 volts.

Les courants alternatifs permettent l'emploi des courants à très haute tension jusqu'à 30.000 volts ; mais ils exigent un isolement parfait.

Ils demandent pour leur emploi des transformateurs, lesquels sont d'un rendement assez faible si l'on ne leur demande pas le maximum qu'ils peuvent produire.

Les moteurs qui les utilisent ont l'armature fixe et pas de collecteurs, d'où suppression des balais et par suite des étincelles ; ils ne peuvent donner naissance à aucune étincelle dangereuse ni à des ruptures ; la seule intervention nécessaire pour leur marche se produit au commutateur où toutes les précautions peuvent être prises.

Les courants alternatifs ne peuvent charger des accumulateurs que si on les *redresse* c'est-à-dire si on les transforme en courants continus par un appareil spécial.

Moteurs à courants continus. — Une dynamo quelconque peut être employée comme réceptrice, mais dans ce cas il y a modification du sens de marche ; si la machine est une machine excitée en série ou si la machine est en enroulement compound, le sens dépend de la priorité de l'enroulement.

Une machine en dérivation tourne dans le même sens comme *réceptrice* que comme génératrice.

Les balais restent en place, mais étant situés en avance sur la génératrice, ils se trouvent en retard sur la réceptrice ; si le travail varie, les balais doivent se déplacer suivant les variations, sinon ils produisent des étincelles.

Changement de marche. — En modifiant la direction du courant, l'on change le sens de rotation dans la plupart des dynamos ; mais cela ne suffit pas dans les machines dites auto-excitatrices ; il faut changer la position des balais ; dans ce cas la machine porte 2 paires de balais et l'on opère le changement à l'aide d'un levier à manette, agissant sur le porte-balais, qui met l'une ou l'autre des paires en contact.

Choix du moteur. — Le moteur doit pouvoir fournir les applications de puissances variables correspondant aux variations de travail de la machine conduite ; cette variation peut se produire de deux façons, soit :

1° En faisant varier la vitesse ;

2° Soit en maintenant cette vitesse constante.

Ces deux modes s'emploient suivant la machine mise en mouvement et ils nécessitent chacun des machines spéciales comme enroulement.

Pour la vitesse variable, qui est le cas de la traction, où au départ la vitesse est faible et l'effort considérable, l'on doit prendre une dynamo excitée en série.

Pour la vitesse constante, dans un treuil, par exemple, il faut éviter que le moteur ne s'emballe quand on débraye ; il faut employer dans ce cas la machine excitée en dérivation ou mieux celle à double enroulement, car, dans ces machines, lorsque la charge augmente, la vitesse diminue.

Mise en marche. — En envoyant le courant brusquement dans une *réceptrice*, l'on risque de la brûler ; pour éviter cet accident l'on place un rhéostat qui intercale dans le circuit une forte résistance lorsqu'on le ferme, c'est-à-dire à la mise en marche, puis qui la diminue progressivement.

A l'ouverture du circuit, c'est-à-dire à l'arrêt, c'est l'inverse qui se produit.

Moteurs à courants alternatifs. — Ces moteurs sont de trois sortes :

1° Les moteurs dits à champ constant ;

2° Les moteurs dits à champ alternatif ;

3° Les moteurs dits à champ tournant.

Moteurs à champ constant. — Ces moteurs ont l'inconvénient de s'arrêter dès que la charge dépasse la limite normale ; il faut les manœuvrer avec prudence et les munir d'un débrayage agissant en cas d'augmentation de la charge.

2° **Moteurs à champ alternatif.** — Ces moteurs ont un mauvais rendement et ne servent que pour les faibles puissances.

3° **Moteurs à champ tournant.** — Ces moteurs se mettent en marche d'eux-mêmes comme les moteurs à courant continu, et en cas de surcharge la vitesse se ralentit.

Pose. — Les moteurs se placent sur le sol ou suspendus.

Sur le sol, on les fait reposer sur une pierre ou sur un massif en briques par l'intermédiaire de glissières ou directement sur de gros morceaux de bois boulonnés sur la maçonnerie de façon à produire un isolement.

Suspendus, ils reposent sur des consoles ou sur des chaises, à la façon d'un palier.

La machine doit être placée de niveau, son arbre rigoureusement parallèle avec celui de la machine à commander. L'on doit pouvoir atteindre facilement tous ses organes. Pour la commande nous conseillons l'emploi de poulies à gorges avec *courroies à coins*.

Marche. — Vérifier les balais et veiller à ce qu'ils ne donnent pas d'étincelles, que les paliers ne chauffent pas, que la vitesse soit régulière et normale, que les courroies ne s'allongent pas, car un allongement de la courroie amène une réduction de vitesse.

Entretien. — Tenir toujours la surface du collecteur très lisse ; et l'entretenir en passant tous les jours à deux ou trois reprises un morceau de fine toile d'émeri.

Ne pas employer de balais en fils, ni de balais rigides en métal, mais des balais en toile ou en feuilles souples ou des balais en charbon ; ceux-ci encrassent quelque peu les collecteurs.

Éviter soigneusement les poussières, enfermer le moteur ou le placer où il ne peut en recevoir ; ne jamais graisser le collecteur.

Précautions. — Il faut avoir soin d'isoler le moteur, afin d'éviter les accidents dus à la vitesse et à l'électricité, par des barrières, et de n'en permettre l'approche et l'accès qu'à l'ouvrier qui en est chargé.

VI

LES MACHINES, LEUR PRIX DE REVIENT, LEUR INSTALLATION, LEUR ENTRETIEN

Choix d'une machine. — Machine à vapeur et moteurs à gaz et à pétrole.

La machine à vapeur et le moteur ont chacun leurs chauds partisans et leurs ardents défenseurs ; l'une comme l'autre le méritent et il n'y a pas lieu à prises de becs et de plumes, vu que toute cette discussion est une question de point de vue, où chacun a raison suivant le point où il prend position.

La machine à vapeur a pour ardent et éloquent défenseur le professeur Thurston dans un magnifique plaidoyer que notre collègue M. Witz reproduit dans son ouvrage et qu'il combat, lui qui est un défenseur non moins acharné du moteur.

Nous devons constater que la défense du moteur ne répond pas à la vigueur de l'attaque.

M. Thurston, disant que le moteur et la machine à vapeur sont tous deux du même âge, est combattu pour cette assertion par M. Witz. L'un et l'autre ont raison, à mon avis ; au point de vue chronologique, il y a presque un siècle d'écart entre l'apparition de la première machine et celle du premier moteur, mais si l'on tient compte de l'état industriel de cette période, l'on est d'accord avec M. Thurston.

En effet. Depuis combien de temps la machine à vapeur est-elle entrée dans la voie des perfectionnements? depuis moins de 30 ans ; en 1867 c'était encore la machine à balancier de Watt qui tenait la corde, et c'est seulement en 1878 qu'apparurent les premières machines réellement perfectionnées et étudiées, et encore elles étaient peu nombreuses.

Le moteur naît en 1860 ; en 1867 il est perfectionné et c'est en 1878 qu'apparaît, comme pour la machine à vapeur, le moteur perfectionné d'où dériveront tous les autres, et c'est à partir de cette période que l'industrie des machines motrices est entrée dans la période de pleine activité, pour l'une comme pour l'autre.

Le moteur n'est pas parfait, il a encore des imperfections, nous le reconnaissons, disent ses partisans ; mais attendez, les recherches ne sont pas finies.

Cela est juste, mais il n'est pas moins juste de faire remarquer que, dans ces dernières années, le moteur a donné lieu à un ensemble d'études et de recherches qui laissent loin derrière elles celles faites sur la machine à vapeur.

Alors que les constructeurs de la machine à vapeur

restent comme nombre ce qu'ils sont, que leurs modèles sont toujours les mêmes, à des questions de détail près, nous voyons les constructeurs de moteurs, inconnus hier, qui sont légion aujourd'hui, et combien déjà ai-je vu de moteurs en construction qui n'ont pas vu et ne verront probablement jamais le jour, pour une cause ou pour une autre.

Ces études n'ont-elles pas amené les moteurs à des rendements en travail que l'avenir ne pourra guère donner supérieurs? et s'ils le sont, ils le seront de bien peu. Tous les perfectionnements possibles et sur les organes, et sur leur mode de fonctionnement, et sur la nature du gaz, n'ont-ils pas été cherchés et proposés?

Donc, à ce sujet, j'estime que l'avenir nous réserve peu de surprises. Et, en effet, M. Witz s'appuie surtout, pour démontrer l'avenir du moteur, sur la construction des moteurs à gaz pauvre de 100 et 200 chevaux. Malheureusement pour lui et surtout pour les hardis constructeurs qui se sont lancés dans ces moteurs, l'expérience d'un jour n'a pas eu de lendemain et n'en aura probablement pas, à moins qu'on ne modifie du tout au tout le fonctionnement brutal du moteur. Le moteur pratique de 100-200 chevaux, et je dirai même de 50 chevaux, n'est pas d'une application tellement avantageuse qu'elle saute aux yeux, et la pratique en est encore à l'état d'essais plus ou moins isolés dont la réussite finale n'est pas démontrée.

Car il y a à considérer ceci, c'est que le moteur

n'agit nullement de la façon progressive de la vapeur, et alors qu'une machine à vapeur produit un travail de 50 chevaux sous l'action d'une force régulière pendant un tour et avec double action, le moteur, lui, produit ce même travail sous l'action d'un choc brusque, qui ne dure qu'un instant et dont l'effort ne s'exerce brutalement que pendant le 1/4 du temps que mettrait la machine à vapeur à recevoir cette action.

Il faut donc, pour résister à cette action, des matériaux autrement puissants que ceux des machines à vapeur et il faut avoir des manivelles de dimensions autrement respectables.

Si nous arrivons à 100 et 200 chevaux, l'effort exercé tant sur le fond du cylindre que sur la manivelle s'exprime par des chiffres formidables, qui nécessitent des manivelles de construction spéciale et de dimensions exceptionnelles et qui néanmoins ne résistent pas.

Nous sommes donc loin du moteur de 1.000 chevaux évoqué par de trop ardents propagateurs; c'était et ce restera un rêve, à moins que l'on n'arrive à supprimer l'effort brusque et à remplacer la détonation unique par une série de détonations produisant des efforts réduits successifs, ce qui est une autre chimère impossible à réaliser.

M. Thurston a accusé le moteur d'être encombrant, cela dépend du type de machine et de chaudière avec lequel on le compare; il y a une chose certaine, c'est que l'on peut faire les machines à vapeur verticales de toutes forces et, par suite, d'un encombrement très restreint et que l'on ne pourra jamais produire que de tout petits moteurs verticaux. Horizontaux, l'on a déjà du mal à les faire rester en place, que serait-ce si l'effort se produisait verticalement?

Une machine à vapeur avec chaudière verticale est moins encombrante qu'un moteur horizontal de même force.

Il est évident qu'un moteur est moins encombrant qu'une machine à vapeur horizontale flanquée d'une chaudière à bouilleur et d'une cheminée en briques. Je parle ici pour le cas du moteur à gaz. Pour les moteurs à gaz pauvre, il n'y a pas au total de grandes différences.

Mais que devient le moteur comparé à une turbine de Laval?

Du moment que l'on cherche à faire entrer le moindre des facteurs dans cette défense, il est logique de mettre en parallèle les défauts du moteur comparé à la machine à vapeur :

1° Son irrégularité;

2° Son manque de souplesse;

3° Sa mise en marche;

4° Son odeur et son bruit;

5° Son instabilité d'allure.

Car ce sont des inconvénients qui dans la pratique ne sont pas des moindres.

Ne faut-il pas en effet chercher des artifices spéciaux, pour pouvoir régulariser l'action du moteur sur une dynamo ou toute autre machine délicate?

Le moteur pour marcher doit toujours marcher à pleine charge; s'il a un travail moindre à produire, il marche mal ou même ne marche pas du tout; si un effort momentané plus considérable lui est demandé, ne fût-ce qu'un instant, il s'arrête net, et ne peut plus démarrer. La difficulté de mise en marche que l'on est obligé de faire à bras, chose souvent fatigante et longue, demande l'effort de plusieurs hommes pour un moteur de 5 à 6 chevaux.

Ce reproche n'existe plus pour certains, comme le Priestmann, qui ont une mise en marche automatique.

Son odeur et son bruit sont des inconvénients peu importants dans les usines, mais dans une installation proche d'habitation c'est à considérer, vu que cela s'entend et se sent à 150 mètres, même en pleine campagne.

L'instabilité d'allure n'est pas un des moindres inconvénients en marche journalière. A certains jours notre moteur ne veut pas partir, ou bien tout d'un coup il s'arrête; il faut changer les rapports d'air et de gaz ou de pétrole et quelquefois tâtonner assez longuement, et cela sans voir la cause apparaître, laquelle est souvent l'état hygrométrique de l'air.

Voyons au contraire la machine à vapeur. Son action est régulière, elle est aussi souple que l'on veut, elle marche à toutes les vitesses; une même machine vous donne juste la force nécessaire et cela automatiquement; vous avez besoin d'un effort plus considérable, vous l'obtenez sans difficulté; l'ouverture d'un robinet la met en marche; une fois en marche, rien ne l'arrête si la chaudière reste à une pression à peu près constante, elle n'est pas bruyante et la fumée qu'elle émet est intermittente.

On lui objecte les dangers présentés par la chaudière, c'est exact; mais ce danger n'est pas énorme pour les forces où le moteur peut lutter avec elle et n'êtes-vous pas obligé d'avoir le gaz, qui amène, et cela s'est déjà vu, des accidents produits par l'explosion de la poche; ou le pétrole qui vous force à avoir chez vous en quantité ce liquide autrement dangereux que le charbon en cas d'incendie, sans parler ici du cas spécial des moteurs à gazoline?

Avec les gazogènes ne peut-il arriver d'accidents? j'ai tout lieu de croire que si.

On reproche à la machine à vapeur son ouvrier spécial, que n'a pas le moteur. C'est une plaisanterie de prospectus.

En effet, si la surveillance d'un petit moteur est moins importante que celle d'une chaudière, il faut néanmoins le surveiller et surtout surveiller la machine actionnée; que cet ouvrier surveille le moteur ou que de temps à autre il jette une pelletée de charbon dans le foyer, l'avantage n'est pas énorme; d'autant qu'avec les gaz pauvres il faut surveiller et charger le gazogène; dans les forces moyennes, il faut pour l'un comme pour l'autre un mécanicien, lequel peut, dans les deux cas, comme cela se présente dans beaucoup d'usines, ne pas être uniquement occupé à la conduite du moteur.

Si l'on compare l'un à l'autre et surtout si l'on a manœuvré l'un et l'autre, l'on constate que si le moteur est commode dans certains cas, la machine à vapeur l'est dans la généralité des cas et que c'est un outil autrement facile de manœuvre.

Je sais très bien que l'on me répondra à ces objections en me montrant une longue liste d'installations.

Mais, à mon avis, cela ne prouve qu'une chose, c'est que la formidable réclame faite par les fabricants n'a pas été faite partout en pure perte[1] ; mais, dans quelques années, combien restera-t-il de ces installations? Peut-être autant qu'il reste aujourd'hui de lampes Jablokoff en service.

Je parle ici pour les installations d'une certaine force.

D'ailleurs, combien de fabricants de machines à vapeur, meilleurs juges que n'importe qui, ont entrepris le moteur. On peut les compter et nous pouvons dire que ceux qui ont été un moment parmi les plus

---

1. M. Witz dit : « Cette frivolité de la réclame est déplorable et elle nuit aux intérêts de l'industrie des moteurs à gaz, car elle témoigne d'un charlatanisme dont les constructeurs de machines à vapeur se gardent avec soin, etc. »

Je me permettrai d'ajouter qu'il a parfaitement raison. Avant, c'étaient les pastilles X, — aujourd'hui c'est le moteur Y, — sur les murs, sur les planchers, dans les journaux quotidiens, etc., — et les moteurs réputés les meilleurs dans le public, ne sont que ceux qui ont fait le plus de réclame.

enthousiastes et les plus entreprenants, en sont aujourd'hui revenus à leurs premières amours, la machine.

Néanmoins, je ne me pose nullement en adversaire du moteur ; j'ai comparé l'un et l'autre, montré les beaux et les mauvais côtés de l'un et de l'autre et je reconnais très bien que, dans des cas nombreux, pour les petites forces, le moteur a, malgré ses inconvénients, une supériorité, même économique, sur la machine à vapeur.

Et, dès le début de l'automobilisme, j'ai toujours soutenu que la seule solution était dans le moteur, que la machine à vapeur ne pouvait avoir son utilité que pour la grosse traction.

Et je garde cette opinion, malgré les progrès réalisés dans la construction des *électromobiles*.

Quelle est donc la place que doit prendre le moteur dans la production de la force ?

Ce rôle sera limité à la petite production et les moteurs de 30 à 50 chevaux seront, à mon avis, des maximums employés dans des cas exceptionnels et tout spéciaux ; mais où le moteur aura toute sa supériorité, qu'il soit au gaz ou au pétrole, ce sera pour la production des petites forces.

Quelle sera la limite ou, en d'autres termes, quand devra-t-on prendre l'un au lieu de l'autre ?

Il faut avant toute chose étudier le prix de revient du Poncelet-heure de l'un et de l'autre.

Le prix de revient ou le coût de la force donnée est en effet le premier point à considérer, car c'est pour l'industriel le premier gagné, et là où le coût sera inférieur, l'on mettra un moteur; où il sera égal ou très peu supérieur, l'on mettra en parallèle les avantages et les inconvénients de l'un et de l'autre et ce sont eux qui feront adopter l'un ou l'autre.

La seconde question, qui quelquefois prime la première, est la pose.

Il est en effet tout indiqué que là où il sera défendu de mettre une chaudière, quelle que soit l'économie réalisée par cette dernière, l'on sera forcé de mettre un moteur.

Ce cas ne se présente pas dans les usines et dans les campagnes; l'on ne le trouve que dans les villes où le moteur s'impose, à moins cependant que l'on n'ait une distribution de force à domicile qui ne présente aucun des inconvénients, bruit ou odeur.

Il est un cas où le moteur à pétrole est tout indiqué également : dans celui de l'élévation de l'eau dans les habitations privées à la campagne, si cette distribution n'excède pas quelques chevaux.

L'on a en effet là un travail très régulier et de longue haleine.

Le tableau ci-contre donne le prix de revient moyen du Poncelet-heure, intérêts et amortissement compris, et permet de juger à première vue la dépense journalière et, après cet examen, de mettre en parallèle les divers moteurs d'un prix de revient voisin et de comparer pour chaque cas les avantages et les inconvénients.

Prix de revient du Poncelet-heure en centimes.

MOTEUR	¼	1/2	1	2	4	6	8	10	15	20	30	50	100	200	2.000	
Atmosphérique ...	39	30	20													
Eau sous pression.				110		12										Aux Docks de Londres.
—			25	20	18	15	13	12	10	9	8	7	6			Tarif de Genève à 10ᵉ le mᶜ.
—		125	120	115												
Air comprimé.....	330	450	105	88	63	55	54	52								Tarif de Paris.
— raréfié	252		200													
Moteur à gaz.....			80	61	52	47	43	40	37	37	37					Gaz à 30 cent.
			62	41	45	32	29	27	25	21	21					— 20 —
— à pétrole, 40 fr. les 100 kg.			60	55	52	41	40	40	40	37	37					
— à huile de schiste, à 25 fr.			55	47	40	37	30	27	23	22						
Machine à vapeur			48	33	30	27	24	23	22	20	17	12	9	7	3	D'après M. Sauvage.

16.

Le prix du poncelet produit par le moteur hydraulique n'est pas indiqué, de même que celui produit
par le gaz pauvre, car ils dépendent de chaque cas
particulier et diffèrent dans des limites telles que la
comparaison n'est pas possible.

De l'achat d'une machine motrice. — L'a-
chat d'une machine motrice est une chose que nombre
de personnes croient très simple, alors qu'elle est en
réalité très compliquée.

On croit en effet que pour acheter un moteur quelconque il suffit soit de comparer les prix des catalogues et de prendre le meilleur marché : c'est une
première erreur, car en machines et spécialement en
moteurs, le meilleur marché est toujours le plus cher ;
soit de le voir tourner dans les expositions, de voir la
liste des médailles ou la liste des certificats dont est
plus ou moins couvert le prospectus ; c'est une erreur, parce que dans les expositions les moteurs tournent toujours, vu qu'ils sont placés par les constructeurs dans les conditions les plus avantageuses. C'est
ainsi que les constructeurs de moteurs à gaz et à pétrole font fonctionner de préférence les moteurs à gaz
qui ont le plus de régularité et le moins d'accrocs
probables, que ces moteurs n'actionnent jamais de l'é-
lectricité, laquelle montrerait l'irrégularité, mais une
pompe ayant un travail très régulier et très mesuré ;
ou bien une machine à vide, laquelle par conséquent
ne présente aucun aléa dans sa marche.

Les médailles, que prouvent-elles ? souvent rien,

provenant d'expositions régionales ou plus ou moins quelconques où tous les exposants ont ou le diplôme d'honneur ou la médaille d'or.

De certificats émanant de propriétaires d'appareils, lesquels ne prouvent absolument qu'une chose, c'est que ceux qui les ont donnés sont contents de leur moteur, et rien de plus ; et il est très probable que si, au lieu d'avoir acheté le moteur X, ils avaient acheté le moteur voisin Y, ils en seraient aussi contents et lui donneraient le même certificat, leur compétence en la matière ne dépassant pas leurs connaissances sur ce sujet, c'est-à-dire leur moteur.

En admettant même qu'ils marchent très bien chez eux, cela ne prouve nullement qu'appliqués à un travail très différent ils marcheraient de même, et la question du prix de revient, voilà une question qui n'est jamais soulevée ?

J'ai vu souvent des propriétaires de machines à vapeur me dire : « Ma machine est très bonne, j'en suis on ne saurait plus satisfait. » Leur demandant : « Combien dépensez-vous ?

— Tant de kilogrammes par jour. » Ce qui correspondait à 4 et 5 kilogrammes par cheval et par heure et la machine parfaite n'était qu'un vulgaire *clou*, puisqu'une machine médiocre n'aurait dépensé au plus que 2 kilogr. 5 à 3 kilogr. dans les mêmes conditions.

Le problème du choix d'un moteur est une question très complexe, si l'on veut le résoudre économiquement et répondre à tous les desiderata prévus et à prévoir ; souvent, ceux dont c'est le métier et qui ont la pratique hésitent et étudient longuement avant de se décider.

La question primordiale qui doit guider est l'application que l'on veut lui donner, le service qu'on lui demande, puis le prix de revient du poncelet-heure et enfin le prix d'achat.

Le prix d'achat passe quelquefois en premier, car il peut être plus avantageux de payer plus cher le poncelet-heure et d'économiser plusieurs mille francs si l'on n'utilise la machine que très rarement, cas des moteurs pour éclairage de châteaux habités l'été seulement ou pour monter de l'eau dans les mêmes conditions.

Il faut, lorsqu'on veut acheter un moteur, on s'adresser à des maisons sérieuses, en leur soumettant les besoins que le moteur doit remplir et en fournissant tous les renseignements sur la facilité d'approvisionnement du combustible, sa nature, son coût, le temps de marche du moteur et surtout les machines qu'il doit commander, et le débit de ces machines, puis n'acheter qu'avec un contrat en règle pour la force, la dépense de combustible.

Ce dernier point est important, car il ne m'est pas encore arrivé de voir une seule fois une personne me demandant conseil sans qu'elle ne m'indique comme force juste la moitié de ce qu'elle a besoin, et j'ai constaté que ce fait se produit journellement chez mes collègues.

On demande peu, pour dépenser peu, se figurant que cela ira, ce qui n'est pas possible.

Je dois ajouter ici que nombre de constructeurs de machines diverses ou outils agricoles indiquent comme force prise par leurs machines juste la moitié ou le tiers de ce qu'elles prennent en travail normal, et comme toutes les machines sont sujettes à des à-coups, il arrive que l'on ne peut démarrer, si l'on a un moteur de la force indiquée.

J'ai vu ce fait plusieurs fois ; un moteur à pétrole de 8 chevaux n'a pu mettre en marche une scierie annoncée comme prenant 3 chevaux ; une autre fois un petit moulin de ferme annoncé comme prenant 2 chevaux n'a pu démarrer sous l'action d'un moteur de 6.

L'on peut s'adresser à un ingénieur-conseil compétent ; je dis compétent, car il est des gens qui prennent le titre d'ingénieur, et ne le sont ni par la théorie, ni par la pratique.

J'ai entre les mains un certificat concernant un moteur, certificat donné par un monsieur prenant le titre d'ingénieur industriel, membre d'une société spéciale, constatant que ce moteur a un fonctionnement irréprochable.

Or le moteur n'y est même pas désigné par son type, mais par celui d'un tout différent avec lequel il n'a aucun rapport. Ledit rapport ne contient aucune preuve technique et le moteur est le plus superbe *clou* qu'il m'ait été donné de voir.

Remarque importante. — Quand on achète un moteur à gaz ou à pétrole, l'on doit le prendre exactement de la force nécessaire, et non d'une force supérieure, car ou le moteur ne marche pas ou bien sa consommation croît dans des limites fantastiques. M. Witz cite l'exemple d'un moteur Otto de 4 chevaux, consommant 800 litres par cheval-heure en marche normale et utilisant sa puissance.

Lorsqu'il ne produit que le 1/4 de cheval il consomme 1.400 litres, soit 5.600 litres par cheval.

Il n'en est nullement du moteur comme de la machine à vapeur où le rendement s'améliore avec la puissance.

Moteurs d'occasion. — L'achat d'un moteur d'occasion est une chose très délicate et ceux qui en ont la pratique y sont eux-mêmes trompés ; *la meilleure occasion est souvent la plus mauvaise*. Il est bon de n'acheter ces moteurs qu'en s'adressant à des maisons de construction sérieuses qui les ont par échanges, qui les vérifient, les remettent à neuf, et vous avez là des machines qui vous rendent autant de service que du neuf.

Ne jamais passer par les brocanteurs de machines. Là on est sûr de son affaire : l'extérieur de la machine est superbe, mais l'intérieur, c'est souvent une autre question.

N'acheter une machine d'occasion que si on la connaît, si l'on est à même de savoir exactement la durée du service qu'elle a donné, les motifs qui la font

vendre et de plus la faire vérifier et essayer au frein
par quelqu'un de compétent.

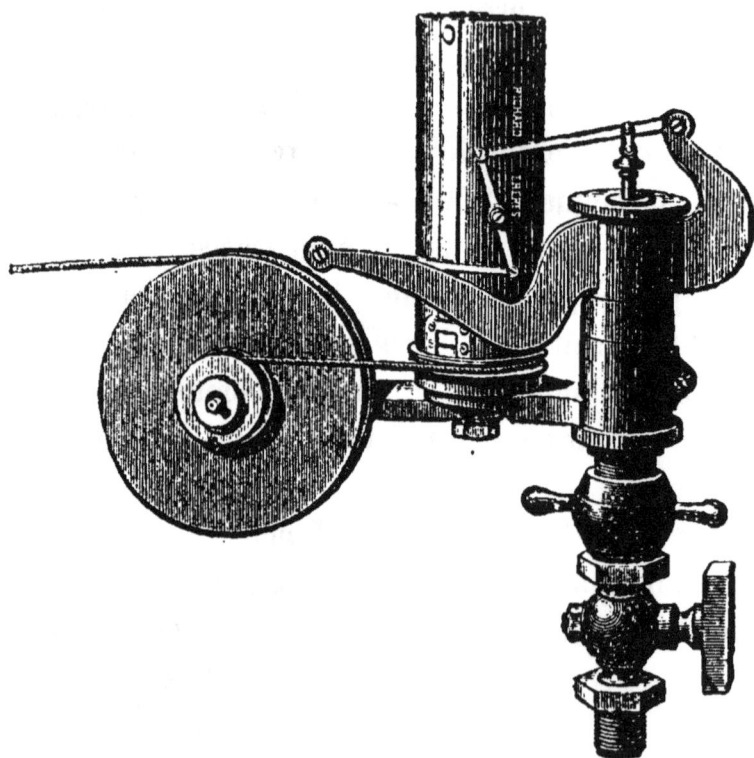

Fig. 67.

Essais des machines.

Essais à l'indicateur. — Essais au frein. —
La puissance d'une machine se mesure à l'aide d'un
indicateur de Watt si l'on veut obtenir la puissance
indiquée ou à l'aide du frein de Prony si l'on veut
obtenir la puissance effective.

Indicateur de Watt. — Cet appareil se pose
sur le cylindre ; il est formé d'un tube dans lequel

coulisse un piston qui reçoit sur la face inférieure l'action de la pression du gaz et sur l'autre celle d'un ressort.

Le piston est relié par un levier à un crayon dont la pointe s'inscrit sur un cylindre tournant à une vitesse déterminée.

Cet appareil, perfectionné par Garnier, Richard, M. Deprez, est d'un fonctionnement assez délicat et demande une certaine pratique (fig. 67).

Frein de Prony. — Cet appareil est basé sur la résistance produite par le frottement; il transforme le travail produit par une machine en travail de frottement.

Prenons la poulie motrice d'une machine, entourons-la de résistances telles que celles-ci puissent arrêter la machine, d'une part, et d'autre part être facilement mesurées; nous aurons un frein.

L'on opère généralement de la manière suivante: un long madrier est placé horizontalement sur la partie supérieure ou inférieure d'une poulie; autour de celle-ci l'on place une série de morceaux de bois blanc légèrement espacés les uns des autres et appliqués contre elle par un lien flexible, généralement deux bandes de tôle sur lesquelles ces bandes sont terminées par des tiges à écrous qui viennent se fixer

1. Les personnes qui désireraient faire des études sur les machines motrices trouveront dans l'excellent ouvrage de M. Witz de nombreux renseignements sur les appareils indicateurs et leur emploi, tome II, page 145 à 159.

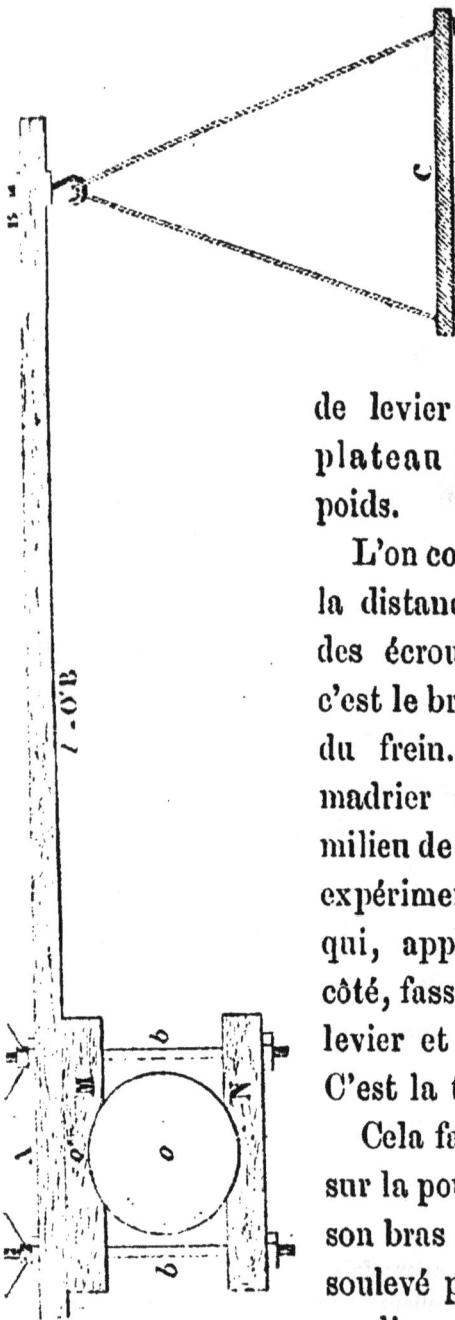

sur le madrier vers une de ses extrémités et rendent l'ensemble solidaire du madrier.

Le madrier porte à son bras de levier un crochet ou un plateau pour y placer des poids.

L'on commence par mesurer la distance entre le milieu A des écrous et le crochet B, c'est le bras de levier $l = O'B$ du frein. Puis l'on place le madrier en équilibre sur le milieu de A B, et l'on cherche expérimentalement le poids qui, appliqué au plus petit côté, fasse équilibre au bras de levier et le rende horizontal. C'est la tare p.

Cela fait, l'on place le frein sur la poulie de façon à ce que son bras de levier tende à être soulevé par la rotation de la poulie; le levier peut être placé au-dessus ou au-dessous

Fig. 68.

de l'axe, cela n'a aucune importance autre que la commodité de l'expérience.

Il faut avoir soin de limiter la course du levier pour éviter son entraînement, lequel provoquerait un accident grave. L'on met la machine en marche, d'abord à petite vitesse et à effort minime, puis l'on serre les écrous du frein de façon à appliquer de plus en plus énergiquement le bois sur la jante de la poulie; l'on graisse abondamment la jante de façon à éviter que le bois ne prenne feu; on augmente progressivement la force de la machine et à mesure que le frein tend à se relever on le charge de poids, de façon à le maintenir horizontal.

A un moment, la machine donne son effort maximum et tend à ralentir sa vitesse si l'on serre les écrous; il y a donc égalité entre le travail moteur et le travail utilisé. Il ne reste dans ces conditions, après un certain temps de marche, qu'à arrêter l'expérience et à compter les poids qui ont été placés. Le travail de frottement produit est

$$T = F \times 2\,\pi\,R$$

lequel est égal par tour au travail de la force appliquée $P + p$ multiplié par le chemin parcouru $2\,\pi\,l$, c'est-à-dire à

$$(P + p)\,2\,\pi\,l.$$

Or ici tout est connu; l'on en tire par tour et par seconde la puissance effective

$$\frac{(P + p)\,2\,\pi\,ln}{60 \times 75} = N \text{ chevaux.}$$

Frein à corde.

Le frein à corde est une heureuse modification du frein de Prony. Il est plus simple d'installation, moins dangereux et permet de faire durer un essai jusqu'à 15 heures de suite.

On place sur la poulie une ou plusieurs cordes, dont l'une des extrémités est rattachée à un dynamomètre et l'autre porte un plateau destiné à recevoir les poids ; dans le cas de plusieurs cordes l'on rattache l'une des cordes à un second dynamomètre.

On lubrifie à la plombagine et l'on rafraîchit avec de l'eau à raison de 1 litre par mètre carré et par seconde.

Au poids P il faut ajouter :

1° Le poids du plateau augmenté du poids de la corde ;

2° Si l'on emploie un second dynamomètre, la tension de cet appareil ;

3° En retrancher la tension du premier dynamomètre qui est égale à la différence entre la tension en marche et la tension à l'origine due au poids du système.

L'on a un poids P total qui agit sur une poulie de diamètre D ; le travail total est donc

$$T = \pi D n P$$

et la puissance en chevaux

$$T = \frac{\pi D n P}{60 \times 75}$$

ou en poncelets

$$T = \frac{\pi\, D\, n\, P}{60 \times 100}$$

Dans ces expériences, l'on relève la vitesse à l'aide d'un compteur enregistreur.

Entretien des machines.

En marche. — Une machine en marche doit toujours être soigneusement entretenue, frottée au chiffon huilé tous les jours, et, dès qu'une trace de rouille apparaît, elle doit être enlevée.

Les graisseurs doivent toujours être remplis au moins à moitié de leur capacité ; les axes et les coussinets ne doivent pas avoir d'huile noire coulant aux bords, ce qui indique une perte d'huile inutile ; les trous de graissage doivent être soigneusement nettoyés.

Les paliers doivent être serrés à fond, mais non bloqués ; si l'on entend un tappement quelconque, resserrer le palier ou la clavette.

Les paliers ne doivent jamais chauffer ; s'ils chauffent, c'est qu'ils sont trop serrés, insuffisamment graissés ou qu'un corps étranger s'y est introduit.

Les joints doivent être serrés ou refaits dès qu'une fuite se manifeste.

A l'arrêt. — Les graisseurs doivent être arrêtés lorsque l'on arrête la machine.

Lorsque cet arrêt doit durer plusieurs jours, comme cela arrive avec les moteurs à pétrole que l'on n'emploie que d'une façon intermittente, il faut vider la machine, la démonter si l'arrêt doit être long, nettoyer toutes les pièces, particulièrement les cylindres et les pistons, et enlever les graisseurs. Puis remonter la machine et *graisser* fortement à la graisse ou au suif toutes les pièces, puis la couvrir d'une bâche.

A la remise en marche, enlever les graisses ; si celles-ci adhéraient quelque peu, l'on se servirait de pétrole ou d'essence minérale pour huiler la machine. Vérifier les graisseurs, les remplir et les replacer.

Transmission en marche. — Si une courroie glisse, c'est qu'elle n'est pas assez tendue, on doit la raccourcir ; si le glissement est faible, il suffit de répandre sur la poulie de la résine en poudre ; employer le moins possible ce moyen, ainsi que les colles adhérentes vendues spécialement.

A l'arrêt. — On nettoie les paliers et les graisseurs, on graisse les arbres et l'on retire les courroies, que l'on roule et que l'on range à l'abri de l'humidité ; si l'arrêt est long, il est bon de graisser légèrement la surface extérieure des courroies de cuir pour leur conserver leur souplesse et d'enlever la résine ou les cambouis qui peuvent y adhérer.

VII

LÉGISLATION

CONCERNANT LES MOTEURS.

Moteurs à gaz et à pétrole.

Les moteurs à gaz ou à pétrole se placent sans autorisation en tous endroits, ils ne sont pas considérés comme moteurs à feu et n'entraînent pas le classement des usines dans lesquelles ils fonctionnent. (Décision du Conseil d'État en 1895.)

Lorsque l'on veut établir un moteur dans un immeuble, on le peut sans autorisation, quitte à en subir la responsabilité des inconvénients s'il en cause aux voisins ou aux locataires par son bruit, son odeur ou son fonctionnement.

Moteurs à vent.

Aucune autorisation ou disposition spéciale.

Moteurs électriques.

Aucune obligation, sauf dans le cas où les conducteurs traversent le domaine public.

Appareils hydrauliques.

Les cours d'eau se divisent en deux classes :

1° Non navigables ni flottables, appartenant au domaine commun, et sur lesquels la pose d'un récepteur est permise après arrêté du préfet.

2° Navigables et flottables, appartenant au domaine public, et sur lesquels les appareils récepteurs ne peuvent être posés qu'après autorisation à titre précaire et révocable.

C'est le Préfet qui est chargé de la police des appareils hydrauliques, laquelle est exercée par les agents des Ponts et Chaussées.

Les travaux nécessaires à l'installation des appareils doivent être régulièrement autorisés par l'administration et leur installation est subordonnée à cette autorisation.

Toute installation nouvelle ou modification à une installation existante doit faire l'objet d'une demande en autorisation adressée au Préfet du département.

La demande, faite sur papier timbré en double exemplaire, doit contenir :

1° Le nom du cours d'eau et de la commune, les noms des établissements, en amont et en aval ;

2° L'usage de l'usine ;

3° Les changements présumés qui résulteront de l'exécution des travaux ;

4° La durée des travaux ;

5° La justification qu'on est le propriétaire de la rive ou autorisé par ledit.

S'il s'agit d'une modification, on doit en plus produire copie des titres des propriétaires précédents et des autorisations données.

Une enquête de 20 jours est prescrite, puis envoi est fait à l'ingénieur qui fait un rapport et indique les modifications à apporter et les précautions à prendre concernant le déversoir et les vannes de décharge.

Sur les cours d'eau navigables, le volume d'eau concédée est déterminé et soumis à une redevance.

Si l'usine est située en zone frontière ou en zone militaire, elle est soumise à des formalités spéciales.

Aucune modification ne doit être faite, en cours des travaux, aux plans approuvés sans autorisation préalable.

LOI DU 9 AVRIL 1898.

Concernant les responsabilités des accidents dont les ouvriers sont victimes dans leur travail.

Le Sénat et la Chambre des Députés ont adopté,
Le Président de la République promulgue la loi dont la teneur suit :

TITRE PREMIER

Indemnités en cas d'accidents.

ARTICLE PREMIER. — Les accidents survenus par le fait du travail, ou à l'occasion du travail, aux ouvriers et employés occupés dans l'industrie du bâtiment, les usines, manufactures, chantiers, les entreprises de transport par terre et par eau, de chargement et de déchargement, les magasins publics, mines, minières, carrières et, en outre, dans toute exploitation ou partie d'exploitation dans laquelle sont fabriquées ou mises en œuvre des matières explosives, ou dans laquelle il est fait usage d'une machine mue par une force autre que celle de l'homme ou des animaux, donnent droit, au profit de la victime ou de ses représentants, à une indemnité à la charge du chef d'entreprise, à la condition que l'interruption de travail ait duré plus de quatre jours.

Les ouvriers qui travaillent seuls d'ordinaire ne pourront

être assujettis à la présente loi par le fait de la collaboration accidentelle d'un ou de plusieurs de leurs camarades.

ART. 2. — Les ouvriers et employés désignés à l'article précédent ne peuvent se prévaloir, à raison des accidents dont ils sont victimes dans leur travail, d'aucunes dispositions autres que celles de la présente loi.

Ceux dont le salaire annuel dépasse deux mille quatre cents francs (2.400 fr.) ne bénéficient de ces dispositions que jusqu'à concurrence de cette somme. Pour le surplus, ils n'ont droit qu'au quart des rentes ou indemnités stipulées à l'article 3, à moins de conventions contraires quant au chiffre de la quotité.

ART. 3. — Dans les cas prévus à l'article 1er, l'ouvrier ou l'employé a droit :

Pour l'incapacité absolue et permanente, à une rente égale aux deux tiers de son salaire annuel ;

Pour l'incapacité partielle et permanente, à une rente égale à la moitié de la réduction que l'accident aura fait subir au salaire ;

Pour l'incapacité temporaire, à une indemnité journalière égale à la moitié du salaire touché au moment de l'accident, si l'incapacité de travail a duré plus de quatre jours et à partir du cinquième jour.

Lorsque l'accident est suivi de mort, une pension est servie aux personnes ci-après désignées, à partir du décès, dans les conditions suivantes :

A. — Une rente viagère égale à 20 pour 100 du salaire annuel de la victime pour le conjoint survivant non divorcé ou séparé de corps, à la condition que le mariage ait été contracté antérieurement à l'accident.

En cas de nouveau mariage, le conjoint cesse d'avoir droit à la rente mentionnée ci-dessus ; il lui sera alloué, dans ce cas, le triple de cette rente à titre d'indemnité totale.

17.

B. — Pour les enfants, légitimes ou naturels, reconnus avant l'accident, orphelins de père ou de mère, âgés de moins de seize ans, une rente calculée sur le salaire annuel de la victime à raison de 15 pour 100 de ce salaire s'il n'y a qu'un enfant, de 25 pour 100 s'il y en a deux, de 35 pour 100 s'il y en a trois, et 40 pour 100 s'il y en a quatre ou un plus grand nombre.

Pour les enfants, orphelins de père et de mère, la rente est portée pour chacun d'eux à 20 pour 100 du salaire.

L'ensemble de ces rentes ne peut, dans le premier cas, dépasser 40 pour 100 du salaire, ni 60 pour 100 dans le second.

C. — Si la victime n'a ni conjoint, ni enfants dans les termes des paragraphes A et B, chacun des ascendants et descendants qui étaient à sa charge recevra une rente, viagère pour les ascendants et payable jusqu'à seize ans pour les descendants. Cette rente sera égale à 10 pour 100 du salaire annuel de la victime, sans que le montant total des rentes ainsi allouées puisse dépasser 30 pour 100.

Chacune des rentes prévues par le paragraphe C est, le cas échéant, réduite proportionnellement.

Les rentes constituées en vertu de la présente loi sont payables par trimestre ; elles sont incessibles et insaisissables.

Les ouvriers étrangers, victimes d'accidents, qui cesseront de résider sur le territoire français recevront, pour toute indemnité, un capital égal à trois fois la rente qui leur avait été allouée.

Les représentants d'un ouvrier étranger ne recevront aucune indemnité si, au moment de l'accident, ils ne résidaient pas sur le territoire français.

ART. 4. — Le chef d'entreprise supporte en outre les frais médicaux et pharmaceutiques et les frais funéraires. Ces derniers sont évalués à la somme de cent francs (100 fr.) au maximum.

Quant aux frais médicaux et pharmaceutiques, si la victime a fait choix elle-même de son médecin, le chef d'entreprise ne peut être tenu que jusqu'à concurrence de la somme fixée par le juge de paix du canton, conformément aux tarifs adoptés dans chaque département pour l'assistance médicale gratuite.

ART. 5. — Les chefs d'entreprise peuvent se décharger pendant les trente, soixante ou quatre-vingt-dix premiers jours à partir de l'accident, de l'obligation de payer aux victimes les frais de maladie et l'indemnité temporaire, ou une partie seulement de cette indemnité comme il est spécifié ci-après, s'ils justifient :

1° Qu'ils ont affilié leurs ouvriers à des Sociétés de secours mutuels et pris à leur charge une quote-part de la cotisation qui aura été déterminée d'un commun accord, et en se conformant aux statuts-types approuvés par le ministre compétent, mais qui ne devra pas être inférieure au tiers de cette cotisation ;

2° Que ces Sociétés assurent à leurs membres, en cas de blessures, pendant trente, soixante ou quatre-vingt-dix jours, les soins médicaux et pharmaceutiques et une indemnité journalière.

Si l'indemnité journalière servie par la Société est inférieure à la moitié du salaire quotidien de la victime, le chef d'entreprise est tenu de lui verser la différence.

ART. 6. — Les exploitants de mines, minières et carrières peuvent se décharger des frais et indemnités mentionnés à l'article précédent moyennant une subvention annuelle versée aux Caisses ou Sociétés de secours constituées dans ces entreprises en vertu de la loi du 29 juin 1894.

Le montant et les conditions de cette subvention devront être acceptés par la Société et approuvés par le ministre des Travaux publics.

Ces deux dispositions seront applicables à tous autres

chefs d'industrie qui auront créé en faveur de leurs ouvriers des caisses particulières de secours en conformité du titre III de la loi du 29 juin 1894. L'approbation prévue ci-dessus sera, en ce qui les concerne, donnée par le ministre du Commerce et de l'Industrie.

Art. 7. — Indépendamment de l'action résultant de la présente loi, la victime ou ses représentants conservent, contre les auteurs de l'accident autres que le patron ou ses ouvriers et préposés, le droit de réclamer la réparation du préjudice causé, conformément aux règles du droit commun.

L'indemnité qui leur sera allouée exonérera à due concurrence le chef d'entreprise des obligations mises à sa charge.

Cette action contre les tiers responsables pourra même être exercée par le chef d'entreprise, à ses risques et périls, aux lieu et place de la victime ou de ses ayants droit, si ceux-ci négligent d'en faire usage.

Art. 8. — Le salaire qui servira de base à la fixation de l'indemnité allouée à l'ouvrier âgé de moins de seize ans ou à l'apprenti victime d'un accident ne sera pas inférieur au salaire le plus bas des ouvriers valides de la même catégorie occupés dans l'entreprise.

Toutefois, dans le cas d'incapacité temporaire, l'indemnité de l'ouvrier âgé de moins de seize ans ne pourra pas dépasser le montant de son salaire.

Art. 9. — Lors du règlement définitif de la rente viagère, après le délai de révision prévu à l'article 19, la victime peut demander que le quart au plus du capital nécessaire à l'établissement de cette rente, calculé d'après les tarifs dressés pour les victimes d'accidents par la Caisse des retraites pour la vieillesse, lui soit attribué en espèces.

Elle peut aussi demander que ce capital, ou ce capital réduit du quart au plus, comme il vient d'être dit, serve à constituer sur sa tête une rente viagère réversible, pour moitié au plus, sur la tête de son conjoint. Dans ce cas, la rente viagère sera diminuée de façon qu'il ne résulte de la réversibilité aucune augmentation de charges pour le chef d'entreprise.

Le tribunal, en chambre du conseil, statuera sur ces demandes.

ART. 10. — Le salaire servant de base à la fixation des rentes s'entend, pour l'ouvrier occupé dans l'entreprise pendant les douze mois écoulés avant l'accident, de la rémunération effective qui lui a été allouée pendant ce temps, soit en argent, soit en nature.

Pour les ouvriers occupés pendant moins de douze mois avant l'accident, il doit s'entendre de la rémunération effective qu'ils ont reçue depuis leur entrée dans l'entreprise, augmentée de la rémunération moyenne qu'ont reçue, pendant la période nécessaire pour compléter les douze mois, les ouvriers de la même catégorie.

Si le travail n'est pas continu, le salaire annuel est calculé tant d'après la rémunération reçue pendant la période d'activité que d'après le gain de l'ouvrier pendant le reste de l'année.

TITRE II

Déclaration des accidents et Enquête.

ART. 11. — Tout accident ayant occasionné une incapacité de travail doit être déclaré, dans les quarante-huit heures, par le chef d'entreprise ou ses préposés, au maire de la commune qui en dresse procès-verbal.

Cette déclaration doit contenir les noms et adresses des témoins de l'accident. Il y est joint un certificat de médecin indiquant l'état de la victime, les suites probables de l'accident et l'époque à laquelle il sera possible d'en connaître le résultat définitif.

La même déclaration pourra être faite par la victime ou ses représentants.

Récépissé de la déclaration et du certificat du médecin est remis par le maire au déclarant.

Avis de l'accident est donné immédiatement par le maire à l'inspecteur divisionnaire ou départemental du travail ou à l'ingénieur ordinaire des Mines chargé de la surveillance de l'entreprise.

L'article 15 de la loi du 5 novembre 1892 et l'article 11 de la loi du 12 juin 1893 cessent d'être applicables dans les cas visés par la présente loi.

ART. 12. — Lorsque, d'après le certificat médical, la blessure paraît devoir entraîner la mort ou une incapacité permanente absolue ou partielle de travail, le maire transmet immédiatement copie de la déclaration et le certificat médical au juge de paix du canton où l'accident s'est produit.

Dans les vingt-quatre heures de la réception de cet avis, le juge de paix procède à une enquête à l'effet de rechercher :

1° La cause, la nature et les circonstances de l'accident;

2° Les personnes victimes et le lieu où elles se trouvent;

3° La nature des lésions ;

4° Les ayants droit pouvant, le cas échéant, prétendre à une indemnité ;

5° Le salaire quotidien et le salaire annuel des victimes.

ART. 13. — L'enquête a lieu contradictoirement dans les formes prescrites par les articles 35, 36, 37, 38 et 39 du code de procédure civile, en présence des parties intéressées ou celles-ci convoquées d'urgence par lettre recommandée.

Le juge de paix doit se transporter auprès de la victime

de l'accident qui se trouve dans l'impossibilité d'assister à l'enquête.

Lorsque le certificat médical ne lui paraîtra pas suffisant, le juge de paix pourra désigner un médecin pour examiner le blessé.

Il peut aussi commettre un expert pour l'assister dans l'enquête.

Il n'y a pas lieu, toutefois, à nomination d'expert dans les entreprises administrativement surveillées, ni dans celles de l'État placées sous le contrôle d'un service distinct du service de gestion, ni dans les établissements nationaux où s'effectuent des travaux que la sécurité publique oblige à tenir secrets. Dans ces divers cas, les fonctionnaires chargés de la surveillance ou du contrôle de ces établissements ou entreprises, et, en ce qui concerne les exploitations minières, les délégués à la sécurité des ouvriers mineurs, transmettent au juge de paix, pour être joint au procès-verbal d'enquête, un exemplaire de leurs rapports.

Sauf les cas d'impossibilité matérielle, dûment constatés dans le procès-verbal, l'enquête doit être close dans le plus bref délai et, au plus tard, dans les dix jours à partir de l'accident. Le juge de paix avertit, par lettre recommandée, les parties de la clôture de l'enquête et du dépôt de la minute au greffe, où elles pourront, pendant un délai de cinq jours, en prendre connaissance et s'en faire délivrer une expédition affranchie du timbre et de l'enregistrement. A l'expiration de ce délai de cinq jours, le dossier de l'enquête est transmis au président du tribunal civil de l'arrondissement.

ART. 14. — Sont punis d'une amende de un à quinze francs (1 à 15 fr.) les chefs d'industrie ou leurs préposés qui ont contrevenu aux dispositions de l'article 11.

En cas de récidive dans l'année, l'amende peut être élevée de seize à trois cents francs (16 à 300 francs).

L'article 463 du code pénal est applicable aux contraventions prévues par le présent article.

TITRE III

Compétence. — Juridictions. — Procédure. Révision.

ART. 15. — Les contestations entre les victimes d'accidents et les chefs d'entreprise, relatives aux frais funéraires, aux frais de maladie ou aux indemnités temporaires, sont jugées en dernier ressort par le juge de paix du canton où l'accident s'est produit, à quelque chiffre que la demande puisse s'élever.

ART. 16. — En ce qui touche les autres indemnités prévues par la présente loi, le président du tribunal de l'arrondissement convoque, dans les cinq jours à partir de la transmission du dossier, la victime ou ses ayants droit et le chef d'entreprise, qui peut se faire représenter.

S'il y a accord des parties intéressées, l'indemnité est définitivement fixée par l'ordonnance du président, qui donne acte de cet accord.

Si l'accord n'a pas lieu, l'affaire est renvoyée devant le tribunal qui statue comme en matière sommaire, conformément au titre XXIV du livre II du code de procédure civile.

Si la cause n'est pas en état, le tribunal sursoit à statuer et l'indemnité temporaire continuera à être servie jusqu'à la décision définitive.

Le tribunal pourra condamner le chef d'entreprise à payer une provision; sa décision sur ce point sera exécutoire nonobstant appel.

ART. 17. — Les jugements rendus en vertu de la présente loi sont susceptibles d'appel selon les règles du droit commun. Toutefois l'appel devra être interjeté dans les quinze jours de la date du jugement s'il est contradictoire, et s'il est par défaut dans la quinzaine à partir du jour où l'opposition ne sera plus recevable.

L'opposition ne sera plus recevable en cas de jugement par défaut contre partie, lorsque le jugement aura été signifié à personne, passé le délai de quinze jours à partir de cette signification.

La cour statuera d'urgence dans le mois de l'acte d'appel. Les parties pourront se pourvoir en cassation.

ART. 18. — L'action en indemnité prévue par la présente loi se prescrit par un an à dater du jour de l'accident.

ART. 19. — La demande en revision de l'indemnité fondée sur une aggravation ou une atténuation de l'infirmité de la victime ou son décès par suite des conséquences de l'accident, est ouverte pendant trois ans à dater de l'accord intervenu entre les parties ou de la décision définitive.

Le titre de pension n'est remis à la victime qu'à l'expiration des trois ans.

ART. 20. — Aucune des indemnités déterminées par la présente loi ne peut être attribuée à la victime qui a intentionnellement provoqué l'accident.

Le tribunal a le droit, s'il est prouvé que l'accident est dû à une faute inexcusable de l'ouvrier, de diminuer la pension fixée au titre Ier.

Lorsqu'il est prouvé que l'accident est dû à la faute inexcusable du patron ou de ceux qu'il s'est substitués dans la direction, l'indemnité pourra être majorée, mais sans que la rente ou le total des rentes allouées puisse dépasser soit la réduction, soit le montant du salaire annuel.

ART. 21. — Les parties peuvent toujours, après détermination du chiffre de l'indemnité due à la victime de l'accident, décider que le service de la pension sera suspendu et remplacé, tant que l'accord subsistera, par tout autre mode de réparation.

Sauf dans le cas prévu à l'article 3, paragraphe A, la pension ne pourra être remplacée par le paiement d'un capital que si elle n'est pas supérieure à 100 francs.

ART. 22. — Le bénéfice de l'assistance judiciaire est accordé de plein droit, sur le visa du procureur de la République, à la victime de l'accident ou à ses ayants droit, devant le tribunal.

A cet effet, le président du tribunal adresse au procureur de la République, dans les trois jours de la comparution des parties prévue par l'article 16, un extrait de son procès-verbal de non-conciliation; il y joint les pièces de l'affaire.

Le procureur de la République procède comme il est prescrit à l'article 13 (paragraphe 2 et suivants) de la loi du 22 janvier 1851.

Le bénéfice de l'assistance judiciaire s'étend de plein droit aux instances devant le juge de paix, à tous les actes d'exécution mobilière et immobilière, et à toute contestation incidente à l'exécution des décisions judiciaires.

TITRE IV

Garanties.

ART. 23. — La créance de la victime de l'accident ou de ses ayants droit, relative aux frais médicaux, pharmaceutiques et funéraires, ainsi qu'aux indemnités allouées à la suite de l'incapacité temporaire de travail, est garantie par le privilège de l'article 2101 du Code civil et y sera inscrite sous le n° 6.

Le paiement des indemnités pour incapacité permanente

de travail ou accidents suivis de mort est garanti conformément aux dispositions des articles suivants :

ART. 24. — A défaut, soit par les chefs d'entreprise débiteurs, soit par les Sociétés d'assurances à primes fixes ou mutuelles, ou les syndicats de garantie liant solidairement tous leurs adhérents, de s'acquitter, au moment de leur exigibilité, des indemnités mises à leur charge à la suite d'accidents ayant entraîné la mort ou une incapacité permanente de travail, le paiement en sera assuré aux intéressés par les soins de la Caisse nationale des retraites pour la vieillesse, au moyen d'un fonds spécial de garantie constitué comme il va être dit et dont la gestion sera confiée à ladite caisse.

ART. 25. — Pour la constitution du fonds spécial de garantie, il sera ajouté, au principal de la contribution des patentes des industriels visés par l'article 1er, quatre centimes (0 fr. 04) additionnels. Il sera perçu sur les mines une taxe de cinq centimes (0 fr. 05) par hectare concédé.

Ces taxes pourront, suivant les besoins, être majorées ou réduites par la loi de finances.

ART. 26. — La Caisse nationale des retraites exercera un recours contre les chefs d'entreprise débiteurs, pour le compte desquels des sommes auront été payées par elle conformément aux dispositions qui précèdent.

En cas d'assurance du chef d'entreprise, elle jouira, pour le remboursement de ses avances, du privilège de l'article 2102 du Code civil sur l'indemnité due par l'assureur et n'aura plus de recours contre le chef d'entreprise.

Un règlement d'administration publique déterminera les conditions d'organisation et de fonctionnement du service conféré par les dispositions précédentes à la Caisse nationale des retraites, et notamment les formes du recours à exercer contre les chefs d'entreprises débiteurs ou les Sociétés d'assurances et les Syndicats de garantie, ainsi que les conditions dans lesquelles les victimes d'accidents ou leurs ayants droit seront admis à réclamer à la Caisse le paiement de leurs indemnités.

Les décisions judiciaires n'emporteront hypothèque que si elles sont rendues au profit de la Caisse des retraites exerçant son recours contre les chefs d'entreprises ou les Compagnies d'assurances.

ART. 27. — Les Compagnies d'assurances mutuelles ou à primes fixes contre les accidents, françaises ou étrangères, sont soumises à la surveillance et au contrôle de l'État et astreintes à constituer des réserves ou cautionnements dans les conditions déterminées par un règlement d'administration publique.

Le montant des réserves ou cautionnements sera affecté par privilège au paiement des pensions et indemnités.

Les syndicats de garantie seront soumis à la même surveillance et un règlement d'administration publique déterminera les conditions de leur création et de leur fonctionnement.

Les frais de toute nature résultant de la surveillance et du contrôle seront couverts au moyen de contributions proportionnelles sauf montant des réserves ou cautionnements, et fixés annuellement, pour chaque compagnie ou association, par arrêté du ministre du Commerce.

ART. 28. — Le versement du capital représentatif des pensions allouées en vertu de la présente loi ne peut être exigé des débiteurs.

Toutefois, les débiteurs qui désireront se libérer en une fois pourront verser le capital représentatif de ces pensions à la Caisse nationale des retraites, qui établira à cet effet, dans les six mois de la promulgation de la présente loi, un tarif tenant compte de la mortalité des victimes d'accidents et de leurs ayants droit.

Lorsqu'un chef d'entreprise cesse son industrie, soit volontairement, soit par décès, liquidation judiciaire ou faillite, soit par cession d'établissement, le capital représentatif des pensions à sa charge devient exigible de plein droit et sera versé à la Caisse nationale des retraites. Ce capital sera déterminé au jour de son exigibilité, d'après le tarif visé au paragraphe précédent.

Toutefois, le chef d'entreprise ou ses ayants droit peuvent être exonérés du versement de ce capital, s'ils fournissent des garanties qui seront à déterminer par un règlement d'administration publique.

TITRE V

Dispositions générales.

ART. 29. — Les procès-verbaux, certificats, actes de notoriété, **significations**, jugements et autres actes faits ou rendus en vertu et pour l'exécution de la présente loi sont délivrés gratuitement, visés pour timbre et enregistrés gratis lorsqu'il y a lieu à la formalité de l'enregistrement.

Dans les six mois de la promulgation de la présente loi, un décret déterminera les émoluments des greffiers de justice de paix pour leur assistance et la rédaction des actes de notoriété, procès-verbaux, certificats, significations, jugements, envois de lettres recommandées, extraits, dépôt de la minute d'enquête au greffe, et pour tous les actes nécessités par l'application de la présente loi, ainsi que les frais de transport auprès des victimes et d'enquête sur place.

ART. 30. — Toute convention contraire à la présente loi est nulle de plein droit.

ART. 31. — Les chefs d'entreprise sont tenus, sous peine d'une amende de un à quinze francs (1 à 15 fr.) de faire afficher dans chaque atelier la présente loi et les règlements d'administration relatifs à son exécution.

En cas de récidive dans la même année, l'amende sera de seize à cent francs (16 à 100 fr.).

Les infractions aux dispositions des articles 11 et 31 pourront être constatées par les inspecteurs du travail.

ART. 32. — Il n'est point dérogé aux lois, ordonnances et règlements concernant les pensions des ouvriers, apprentis et journaliers appartenant aux ateliers de la marine et celles des ouvriers immatriculés des manufactures d'armes dépendant du ministère de la Guerre.

ART. 33. — La présente loi ne sera applicable que trois mois après la publication officielle des décrets d'administration publique qui doivent en régler l'exécution.

ART. 34. — Un règlement d'administration publique déterminera les conditions dans lesquelles la présente loi pourra être appliquée à l'Algérie et aux colonies.

Fait à Paris, le 9 avril 1898.

FÉLIX FAURE.

Par le Président de la République :

Le Ministre du Commerce, de l'Industrie,
des Postes et des Télégraphes,

HENRY BOUCHER.

Le Ministre de l'Intérieur,
LOUIS BARTHOU.

Le Ministre des Travaux publics,
A. TURREL.

Le garde des Sceaux,
Ministre de la Justice et des Cultes,
V. MILLIARD.

LOI DU 24 MAI 1899

Étendant, en vue de l'application de la loi du 9 avril 1898, les opérations de la Caisse nationale d'assurances en cas d'accidents.

Le Sénat et la Chambre des Députés ont adopté,

Le Président de la République promulgue la loi dont la teneur suit :

ARTICLE PREMIER. — Les opérations de la Caisse nationale d'assurances en cas d'accidents, créée par la loi du 11 juillet 1868, sont étendues aux risques prévus par la loi du 9 avril 1898, pour les accidents ayant entraîné la mort ou une incapacité permanente, absolue ou partielle.

Les tarifs correspondants seront, avant le 1er juin 1899, établis par la Caisse nationale d'assurances en cas d'accidents et approuvés par décret rendu sur le rapport du ministre du Commerce, de l'Industrie, des Postes et des Télégraphes, et du ministre des Finances.

Les primes devront être calculées de manière que le risque et les frais généraux d'administration de la Caisse soient entièrement couverts, sans qu'il soit nécessaire de recourir à la subvention prévue par la loi du 11 juillet 1868.

ART. 2. — La loi du 9 avril 1898 ne sera appliquée qu'un mois après le jour où la Caisse des accidents aura publié ses tarifs au *Journal officiel* et admis les industriels à contracter des polices, et où ces tarifs auront été approuvés par décret rendu sur le rapport du ministre du Commerce, de l'Industrie, des Postes et des Télégraphes, et du ministre des Finances.

En aucun cas, cette prorogation ne pourra excéder le 1er juillet 1899.

La présente loi, délibérée et adoptée par le Sénat et par

la Chambre des Députés, sera exécutée comme loi de l'État.
Fait à Paris, le 24 mai 1899.

ÉMILE LOUBET.

Par le Président de la République :
Le Ministre du Commerce, de l'Industrie,
des Postes et des Télégraphes,
PAUL DELOMBRE.

Le Ministre des Finances,
P. PEYTRAL.

LOI DU 29 JUIN 1899

Relative à la résiliation des polices d'assurances souscrites par les chefs d'entreprises soumis à l'application de la loi du 9 avril 1898 sur les accidents.

Le Sénat et la Chambre des Députés ont adopté,
Le Président de la République promulgue la loi dont la teneur suit :

ARTICLE UNIQUE. — Pendant une période d'un an à partir du jour de la promulgation de la présente loi, les polices d'assurances — accidents concernant les industries prévues à l'article 1er de la loi du 9 avril 1898, et antérieures à cette loi — pourront être dénoncées par l'assureur ou par l'assuré au moyen d'une déclaration au siège social ou chez l'agent local dont il sera donné récépissé, soit par acte extrajudiciaire.

Les polices non dénoncées dans ce délai seront régies par le droit commun.

La présente loi, délibérée et adoptée par le Sénat et par

la Chambre des Députés, sera exécutée comme loi de l'État.
Fait à Paris, le 29 juin 1899.

ÉMILE LOUBET.

Par le Président de la République :
*Le Ministre du Commerce, de l'Industrie,
des Postes et des Télégraphes.*

A. MILLERAND.

LOI DU 30 JUIN 1899

Concernant les accidents causés par les exploitations agricoles par l'emploi de machines mues par les moteurs inanimés.

Le Sénat et la Chambre des Députés ont adopté,
Le Président de la République promulgue la loi dont la teneur suit :

ARTICLE UNIQUE. — Les accidents occasionnés par l'emploi de machines agricoles mues par des moteurs inanimés et dont sont victimes, par le fait ou à l'occasion du travail, les personnes, quelles qu'elles soient, occupées à la conduite ou au service de ces moteurs ou machines, sont à la charge de l'exploitant dudit moteur.

Est considéré comme exploitant l'individu ou la collectivité qui dirige le moteur ou le fait diriger par ses préposés.

Si la victime n'est pas salariée, ou n'a pas un salaire fixe, l'indemnité due est calculée, selon les tarifs de la loi du 9 avril 1898, d'après le salaire moyen des ouvriers agricoles de la commune.

En dehors du cas ci-dessus déterminé, la loi du 9 avril 1898 n'est pas applicable à l'agriculture.

18

La présente loi, délibérée et adoptée par le Sénat et par la Chambre des Députés, sera exécutée comme loi de l'État.

Fait à Paris, le 30 juin 1899.

ÉMILE LOUBET.

Par le Président de la République :

Le Ministre du Commerce, de l'Industrie,
des Postes et des Télégraphes,

A. MILLERAND.

ANNEXES [1]

1° Décret du 28 février 1899 portant règlement d'administration publique pour l'exécution de l'article 26 de la loi du 9 avril 1898.

Ce décret détermine dans quelles conditions les victimes d'accidents ou leurs ayants droit sont admis à réclamer le paiement de leurs indemnités.

Il règlemente ensuite le recours de la caisse des retraites pour le recouvrement de ces avances et pour l'encaissement des capitaux exigibles.

Enfin, il indique l'organisation du fonds de garantie.

2° Décret du 28 février 1899 portant règlement d'administration publique pour l'exécution de l'article 27 de la loi du 9 avril 1898.

Ce décret concerne spécialement les Sociétés d'assurances mutuelles et à primes fixes. Il oblige ces Sociétés, indé-

---

1. Le texte des lois des 9 avril 1898, 24 mai, 29 et 30 juin 1899, ainsi que le texte complet des cinq décrets et des cinq arrêtés ministériels ci-dessous mentionnés, ont été réunis dans une brochure, par les soins du journal *Le Droit Industriel*, 7, boulevard Saint-Denis.

pendamment des garanties spécifiées aux articles 2 et 4 du décret du 22 janvier 1868 et de la réserve mathématique, à constituer un cautionnement fixé d'après les bases que détermine le ministre sur l'avis du comité consultatif.

Il organise ensuite les conditions de surveillance et de contrôle des assurances mutuelles et à primes fixes.

Puis il indique dans quelles conditions peuvent se créer les Syndicats de garantie prévus par la loi du 9 avril 1898 et qui lient solidairement tous leurs adhérents pour le payement des rentes et indemnités attribuables à la suite d'accidents ayant entraîné la mort ou une incapacité permanente.

3° Décret du 28 février 1899 portant règlement d'administration publique pour l'exécution de l'article 28 de la loi du 9 avril 1898.

Ce décret décide que lorsqu'un chef d'entreprise cesse son industrie dans les cas prévus par l'avant-dernier alinéa de l'article 28 de la loi du 9 avril 1898, ce chef d'entreprise ou ses ayants droit peuvent être exonérés du versement à la Caisse nationale des retraites du capital représentatif des pensions à leur charge s'ils justifient :

1° Soit du versement de ce capital à une des Sociétés visées à l'article 18 du décret du 28 février 1899, portant règlement d'administration publique en exécution de l'article 27 de la loi ci-dessus visée ;

2° Soit de l'immatriculation d'un titre de rente pour l'usufruit au nom des titulaires de pensions, le montant de la rente devant être au moins égal à celui de la pension ;

3° Soit du dépôt à la Caisse des dépôts et consignations, avec affectation à la garantie des pensions, de titres spécifiés au paragraphe 3 de l'article 8 du décret précité. La valeur de ces titres, établie d'après le cours moyen de la Bourse de Paris, au jour du dépôt, doit correspondre au chiffre maximum qu'est susceptible d'atteindre le capital

constitutif exigible par la Caisse nationale des retraites.
Elle peut être revisée tous les trois ans à la valeur actuelle
des pensions, d'après le cours moyen des titres au jour de
la révision ;

4° Soit de l'affiliation du chef d'entreprise à un Syndicat
de garantie liant solidairement tous ses membres et garan-
tissant le payement des pensions ;

5° Soit, en cas de cession d'établissement, de l'engage-
ment pris par le cessionnaire vis-à-vis du directeur général
de la Caisse des dépôts et consignations, d'acquitter les
pensions dues et de rester solidairement responsable avec
le chef d'entreprise.

4° Décret du 5 mars 1899, fixant les émoluments alloués aux greffiers
de justice de paix pour l'assistance aux actes de la procédure réglée
par la loi du 9 avril 1898.

5° Arrêté ministériel du 1ᵉʳ mars 1899, instituant un comité consultatif des assurances contre les accidents du travail.

6° Arrêté ministériel du 29 mars 1899, déterminant les bases des cautionnements que doivent constituer les sociétés d'assurances contre
les accidents du travail.

7° Arrêté ministériel du 30 mars 1899, déterminant les groupements
d'industries prévus par l'article 6 du décret du 28 février 1899, en
ce qui concerne les sociétés mutuelles d'assurances contre les accidents du travail.

8° Arrêté ministériel du 30 mars 1899, déterminant les primes prévues
à l'article 6 du décret du 28 février 1899 et à l'article 2 de l'arrêté
ministériel du 29 mars 1899, relatifs aux sociétés d'assurances contre
les accidents du travail.

9° Arrêté ministériel du 31 mars 1899, déterminant les conditions de
recrutement des commissaires-contrôleurs des sociétés d'assurances
contre les accidents du travail.

10° Décret du 30 juin 1899, relatif à l'exécution des articles 11 et 12
de la loi du 9 avril 1898 concernant les responsabilités des accidents
dont les ouvriers sont victimes dans leur travail.

Remarques sur la loi du 9 avril 1898.

Il est nécessaire de faire remarquer que toute personne employant une machine motrice, mue autrement que par l'homme ou les animaux, est soumise à la loi ; cette loi est donc applicable à tous les moteurs, sauf les moteurs à bras d'hommes et les manèges.

L'indemnité est due par le patron même dans le cas où l'accident est le résultat d'une faute de l'ouvrier.

L'assurance n'est pas obligatoire, mais en s'assurant l'on s'exonère de toutes les conséquences d'un accident et de la dette importante qui en résulte.

L'on peut s'assurer, soit : aux Compagnies à primes fixes, aux assurances mutuelles, aux syndicats de garantie ou à l'État représenté par la Caisse nationale des assurances contre les accidents.

Les patrons peuvent se décharger des frais de soins médicaux et des indemnités temporaires en affiliant leurs ouvriers à une Société de secours mutuels donnant les soins et l'indemnité journalière et en payant au moins le tiers de la cotisation de la Société.

La loi ne s'applique qu'à l'ouvrier sous les ordres d'un patron ; celui qui travaille à son compte chez un particulier ne peut rien réclamer ; si, d'autre part, l'accident doit résulter du travail et si l'ouvrier a provoqué intentionnellement l'accident, il ne lui est dû aucune indemnité ; s'il a été blessé lors d'une faute inexcusable, son indemnité est réduite ; si le patron a commis une faute inexcusable, l'indemnité qu'il a à payer peut être augmentée.

Formalités à remplir en cas d'accident.

La première chose à faire est d'obtenir du médecin un certificat médical indiquant les suites probables ; la date où il sera possible d'en connaître le résultat définitif; puis de faire la déclaration dans les quarante-huit heures à la mairie (tout patron qui ne remplit pas cette obligation est passible de l'amende, art. 14).

Le maire doit donner avis à l'inspecteur désigné; s'il y a mort ou probabilité de mort, il doit transmettre la déclaration au juge de paix.

Ce dernier fait son enquête dans le délai maximum de 10 jours et ses constatations sont à la disposition des intéressés pendant cinq jours; il transmet ensuite son enquête au tribunal civil, lequel fixe l'indemnité.

Les indemnités temporaires se règlent en dernier ressort devant le juge de paix.

La décision du tribunal civil peut être revisée à la demande du patron et de l'ouvrier durant une période de trois ans.

TABLE

	Pages.
Les Moteurs, leur rôle dans la civilisation moderne......	1
I. — Moteurs animés. — Moteurs atmosphériques.	
I. — Notions générales de mécanique concernant les moteurs............................	17
II. — Des moteurs en général................	31
II. — Moteurs atmosphériques......................	41
III. — Moteurs hydrauliques............................	47
IV. — Moteurs a gaz, pétrole, gaz pauvre, etc.	
I. — Moteurs à gaz.........................	79
II. — Moteurs à pétrole.....................	169
III. — Moteurs à gaz pauvre...................	244
IV. — Moteurs à air.........................	257
V. — Moteurs électriques.......................	261
VI. — Les machines, leur prix de revient, leur installation, leur entretien....................	271
VII. — Législation concernant les moteurs...........	294

Enseignement Professionnel

BIBLIOTHÈQUE

DES

PROFESSIONS

Industrielles, Commerciales
Agricoles et Libérales

PARIS

J. HETZEL ET Cᵢₑ, ÉDITEURS

18, RUE JACOB, 18

CATALOGUE B. D. 5ᵏ10 — Ce Catalogue annule les précédents.

TABLE DES MATIÈRES

TRAITÉES DANS LA

BIBLIOTHÈQUE DES PROFESSIONS

INDUSTRIELLES, COMMERCIALES, AGRICOLES ET LIBÉRALES

Le cartonnage toile de chaque volume se paye 0 fr. 50 en plus des prix indiqués.

AGENT VOYER (Voir Ponts et Chaussées, page 14).

AGRICULTEUR (Voir Chimiste-Agriculteur, p. 4).

ASSURANCES *(Les). L'Art de s'assurer contre l'incendie,* par Arsène PETIT, avocat à la Cour de Paris. 1 vol. 3ᵉ édition. 2 fr.

— *L'art de s'assurer sur la vie,* par Arsène PETIT, avocat à la Cour de Paris. 1 volume, 2ᵉ édit. . . . . 2 fr.

— *L'Art de s'assurer contre les accidents du travail,* par Arsène PETIT, avocat à la cour de Paris. 1 volume. 2ᵉ édition. . 2 fr.
Ouvrages honorés de souscriptions du *Ministère de l'Instruction publique* pour les Bibliothèques populaires.

ASTRONOME *(Manuel pratique de l'),* par Camille FLAM-MARION. *L'art d'observer le ciel et de se servir des instruments d'optique.* 1 volume. — **En préparation.**

AUTOMOBILES *(Manuel pratique du constructeur et du conducteur de cycles et d'),* par H. DE GRAFFIGNY. (Voir Cycles et Automobiles, page 5).

BANQUIER (Voir Escompteur, page 7).

BEAUX-ARTS *(Introduction à l'étude des),* par Charles et Eugène GARTERON. 1 volume illustré de 36 gravures . . . 4 fr.

BIJOUTIER *(Guide pratique du).* Application de l'harmonie des couleurs dans la juxtaposition des pierres précieuses, des émaux et des ors, par L. MOREAU. 1 vol. avec 2 planches. 2 fr.
Ouvrage adopté par la *Ville de Paris* pour les bibliothèques municⁱᵉˢ.

BOIS EN FORÊTS (*Carbonisation des*), par E. DROMART, ingénieur civil. 1 volume avec figures et 1 planche.... 4 fr.

BOIS (*Guide théorique et pratique de Cubage et d'Estimation des*), par Alexis FROCHOT, inspecteur des forêts. 4ᵉ édition, revue et augmentée. 1 volume avec tableaux, 35 figures et une planche graphique donnant les tarifs de cubage des arbres sur pied et des arbres abattus................. 4 fr.
Ouvrage honoré d'une souscription du *Ministère de l'Agriculture.*

BRASSEUR (*Guide du*) ou *l'Art de faire de la Bière*, par G.-J. MULDER. Traité élémentaire théorique et pratique, traduit et annoté par L.-F. Dubief, chimiste. 1 volume...... 4 fr.
Ouvrage adopté par la *Ville de Paris* pour les bibliothèques municᶦᵉˢ.

BRIS ET NAUFRAGES (*Code des*), par J. TARTARA, commissaire ordonnateur de la marine. 1 volume....... 4 fr.

CALCULS ET COMPTES FAITS à l'usage des industriels en général et spécialement des mécaniciens, charpentiers, serruriers, chaudronniers, toiseurs, arpenteurs, vérificateurs, etc. Troisième édition complètement refondue des calculs faits de A. LENOIR, par Joseph VINOT. 1 volume avec tableaux... 4 fr.
Ouvrage adopté par le *Ministère de l'Instruction publique* pour les bibliothèques scolaires et populaires.

CANARDS (Voir Lapins, Oies et Canards, page 10).

CHARCUTERIE PRATIQUE (*La*), par Marc BERTHOUD, ex-président de la corporation des charcutiers de Genève. 5ᵉ édition. 1 volume avec 74 figures................ 4 fr.
Ouvrage honoré d'une souscription du *Ministère de l'Instruction publique* pour les bibliothèques populaires.

CHAUFFEUR (*Manuel du*), guide pratique à l'usage des mécaniciens, des chauffeurs et des propriétaires de machines à vapeur; exposé des connaissances nécessaires, suivi de conseils afin d'éviter les explosions des chaudières à vapeur, par JAUNEZ, ingénieur civil. 6ᵉ édition revue et corrigée. 1 vol., 37 figures dans le texte et 1 planche.................. 2 fr.
Ouvrage honoré de souscriptions du *Ministère du Commerce.*

CHIMIE GÉNÉRALE ÉLÉMENTAIRE, par Frédéric HÉTET, professeur de chimie aux écoles de la marine, pharmacien en chef.

TOME Iᵉʳ. -- *Généralités, Métalloïdes*. 1 volume, 112 fig. 4 fr.
TOME II. — *Métaux*. 1 volume avec 62 figures...... 4 fr.

CHIMISTE-AGRICULTEUR (*Manuel du*), par A.-F. POURIAU. 1 volume avec 148 figures dans le texte et de nombreux tableaux, suivi d'un appendice. . . . . 4 fr.

Ouvrage honoré d'une souscription du *Ministère de l'Agriculture*.

COMMERCE DES VINS (Voir page 16).

CONSTRUCTEUR (*Guide pratique du*). Dictionnaire des mots techniques employés dans la construction, à l'usage des architectes, propriétaires, entrepreneurs de maçonnerie, charpente, serrurerie, couverture, etc., par L.-P. PERNOT, architecte-vérificateur des travaux publics. 4° édition, corrigée, augmentée et entièrement refondue, par C. TRONQUOY, ingénieur civil, et Ch. BAYE. 1 volume. . . . . 4 fr.

Ouvrage adopté par le *Ministère de l'Instruction publique* pour les bibliothèques scolaires et par la *Ville de Paris* pour les bibliothèques municipales. Honoré de souscriptions du *Ministère du Commerce et de l'Industrie*.

CONSTRUCTEUR (Voir Maçonnerie, page 11).

CONSTRUCTIONS A LA MER (*Études et notions sur les*), par BOUNICEAU, ingénieur en chef des ponts et chaussées. 1 volume, 4 fr. 1 atlas de 44 planches. . . . . 4 fr.

CORPS GRAS INDUSTRIELS (*Guide pratique de la connaissance et de l'exploitation des*), par Th. CHATEAU, chimiste. 4° édition, revue et augmentée des procédés nouveaux d'analyse des huiles grasses et d'indications pratiques sur les *Huiles minérales*. 1 volume avec tableaux... . . . . 4 fr.

Ouvrage honoré d'une souscription *du Ministère du Commerce et de l'Industrie*.

COUPE et **CONFECTION** de vêtements de femmes et d'enfants (*Méthode de*). — Travaux à aiguille usuels. Cours de couture en blanc. Raccommodage. Méthode de **TRICOT**, par Elisa HIRTZ. 9° édition. 1 volume avec 154 figures. . . . . 3 fr.

Ouvrage adopté par le *Ministère de l'Instruction publique* pour les bibliothèques scolaires et par la *Ville de Paris* pour être distribué en prix.

CUBAGE DES BOIS (Voir Bois, page 3).

CUISINE PRATIQUE (*La*). — Les secrets de la Cuisine d'amateur révélés aux maîtresses de maison par Marie de SAINT-JUAN. 1 volume avec 154 figures. 3° édition. . . . . 4 fr.

CULTURE MARAICHÈRE (*Manuel pratique de*). 7º édition, par COURTOIS-GÉRARD. 1 vol. avec 89 fig. dans le texte.   4 fr.

Ouvrage ayant obtenu une médaille d'or de la Société centrale d'agriculture, et une grande médaille de vermeil de la Société centrale d'horticulture, adopté par le *Ministère de l'Instruction publique* pour les bibliothèques scolaires et populaires et honoré d'une souscription du *Ministère de l'Agriculture.*

CYCLES ET AUTOMOBILES (*Manuel pratique du constructeur et du conducteur de*). Guide pratique des constructeurs, fabricants, monteurs et réparateurs de cycles en tous genres; des mécaniciens, ajusteurs, serruriers, nickeleurs, etc., s'occupant de l'industrie des Cycles; des constructeurs et propriétaires d'automobiles; des constructeurs de voitures mécaniques de tous systèmes (pétrole et électricité), conduite et entretien des automobiles, règlements de la circulation, etc., par

Gravure spécimen du « *Constructeur de cycles et d'automobiles* ».

H. DE GRAFFIGNY, ingénieur civil. 1 volume illustré de 204 vignettes dessinées par l'auteur. 2º édition. . . . .   4 fr.

DESSINATEUR (*Comment on devient un*), par VIOLLET-LE-DUC. 1 volume, orné de 110 dessins par l'auteur et d'un portrait de Viollet-le-Duc. 20º édition . . . .   4 fr.

Ouvrage honoré d'importantes souscriptions du *Ministère de l'Instruction publique* pour les Bibliothèques scolaires et populaires, ainsi que de la *Ville de Paris* pour les Distributions de prix et les Bibliothèques municipales.

EXTRAIT DE LA TABLE DES MATIÈRES. — Notables découvertes. — Comment il est reconnu que la géométrie s'applique à plusieurs choses. — Autres découvertes touchant

la lumière et la géométrie descriptive. — Où on commence à voir. — Une leçon
d'anatomie comparée. — Opérations sur le terrain. — Cinq ans après. — Où une
vocation se dessine. — Douze jours dans les Alpes. — Conclusion.

DINDONS (Voir Lapins, Oies et Canards, page 10).

DROIT MARITIME INTERNATIONAL ET COMMERCIAL (*Notions pratiques de*), par Alph. DONBAUD, professeur à l'Ecole navale. 1 volume. . . . . 2 fr.

EAUX GAZEUSES (*Traité de la Fabrication industrielle des*) et des boissons qui s'y rattachent, par FÉLICIEN MICHOTTE, ingénieur des arts et manufactures, et E. GUILLAUME, ingénieur civil. 1 volume avec 21 figures dans le texte, 14 planches doubles et de nombreux tableaux . . . . 4 fr.

ECLAIRAGE ÉLECTRIQUE (*Manuel de montage des appareils d'*), par le baron von GAISBERG, traduit de l'allemand par Ch. BAYR. 1 volume avec 104 figures, 15e édition . . . 2 fr.

Ouvrage adopté par la *Ville de Paris* pour les bibliothèques munic".

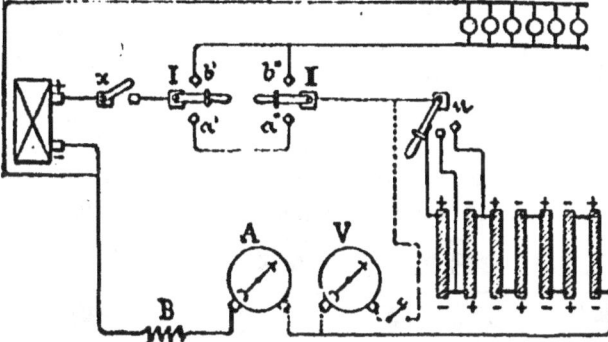

ASSEMBLAGE POUR L'ALIMENTATION DE LAMPES A INCANDESCENCE PAR ACCUMULATEURS
Figure spécimen du *Manuel de montage des appareils d'Éclairage électrique.*

ELECTRICIEN (*L'Ingénieur*). Guide pratique de la cons-

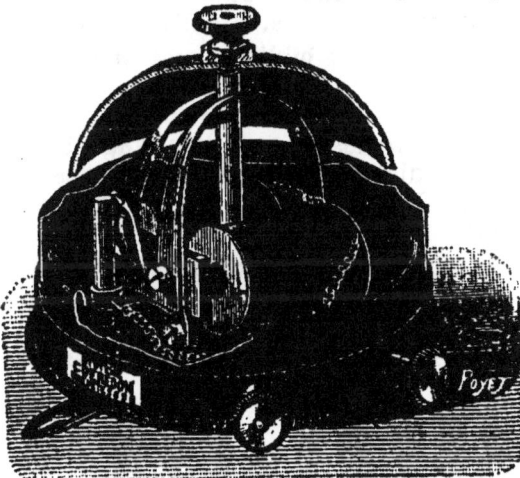

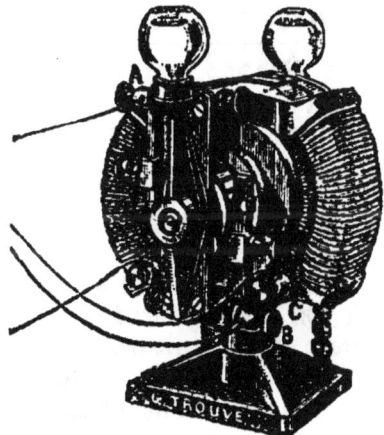

Figures spécimens de *L'Ingénieur électricien.*

truction et du montage de tous les appareils électriques à l'usage des amateurs, ouvriers et contremaîtres électriciens, par H. de GRAFFIGNY. 1 volume avec 109 figures. 11e édition entièrement revue et corrigée . . . . 4 fr.

Ouvrage adopté par la *Ville de Paris* pour être distribué en prix.

ÉLECTRICIEN (*Guide pratique de l'ouvrier*). 1 volume. — En préparation.

ENTOMOLOGIE AGRICOLE (*Guide pratique d'*), et petit traité de la destruction des insectes nuisibles, par H. GOBIN. 1 volume orné de 42 figures, 2e édition . . . . 4 fr.

ESCOMPTEUR (*Nouveau manuel de l'*), du banquier, du capitaliste et du financier, ou Nouvelles tables de calculs d'intérêts simples avec le calendrier de l'Escompteur, par LACOMBE, précédé d'une instruction sur les calculs d'intérêt et l'usage des tables, par LAASS D'AGURN, et d'un exposé des lois sur les intérêts, les rentes, les effets de commerce, les chèques, etc. 1 fort volume. 6 fr.

FÉCULIER et de l'**AMIDONNIER** (*Guide pratique du*), par L.-F. DUBIEF. 4e édit. 1 vol. avec grav. dans le texte. 2 fr.

FERMENTS ET FERMENTATIONS. *Travailleurs et malfaiteurs microscopiques*, par I.-A. RBY. 1 vol. avec figures. 4 fr.

Ouvrage adopté par la *Ville de Paris* pour être distribué en prix.

FILATURE DE LA LAINE (Voir Laine, page 10).

GALVANOPLASTIE (*Traité de*) et d'**ÉLECTROLYSE** avec indications pratiques fondées sur les dernières découvertes, par GRYMET. 1 volume . . . . 4 fr.

GÉOLOGUE (*Manuel du*), par DANA, traduit et adapté de l'anglais par W. HOUTLET. 1 volume avec 363 figures. 3e édition. 4 fr.

Ouvrage adopté par la *Ville de Paris* pour les bibliothèques munic^{les}.

GÉOMÈTRE ARPENTEUR (*Guide pratique du*), comprenant l'arpentage, le nivellement, le levé des plans et le partage des propriétés agricoles, avec un appendice sur le calcul des solides; 3e éd., entièrement refondue, par P.-G. GUY, ancien élève de l'École polytechnique, officier d'artillerie. 1 vol. avec 183 figures. 4 fr.

Ouvrage adopté par la *Ville de Paris* pour les bibliothèques munic^{les}.

HABITATIONS DES ANIMAUX (*Guide pratique pour le bon aménagement des*), par E. GAYOT, membre de la Société centrale d'Agriculture de France.

BERGERIES, PORCHERIES, CLAPIERS, etc. 1 volume. . . 2 fr.

Ouvrage adopté par le *Ministère de l'Instruction publique* pour les bibliothèques scolaires et populaires.

HERBORISEUR (*Manuel de l'*). Comment on devient bota-
niste. — Clefs analytiques. — Description des genres et des espèces,
suivie d'un vocabulaire, par E. GRIMARD, ancien directeur de
l'Ecole normale de Toulouse. 7° édition. 1 vol. . . . . 4 fr.

Ouvrage adopté par le *Ministère de l'Instruction publique* pour
les bibliothèques scolaires et populaires.

HORLOGER ET MÉCANICIEN DE PRÉCISION

(*Manuel de l'*). Guide pratique à l'usage des ouvriers rhabil-
leurs et repasseurs de montres et de pendules, des apprentis horlo-

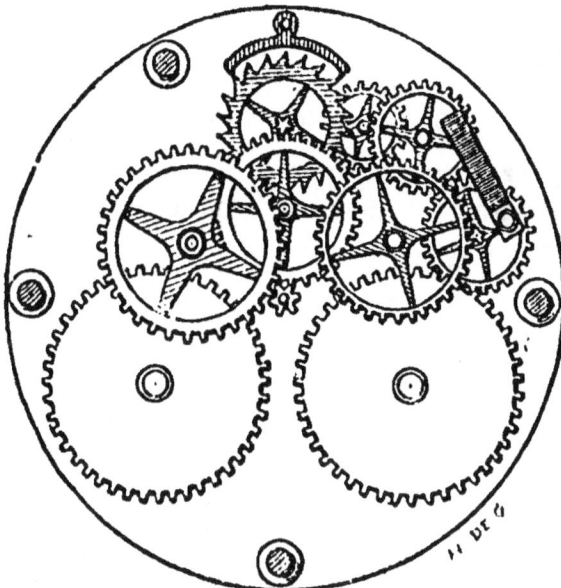

ENSEMBLE D'UN MÉCANISME DE PENDULE. Figure spécimen du *Manuel de l'Horloger.*

gers et des élèves des écoles d'horlogerie, des amateurs de mécanique, etc., etc., par H. DE GRAFFIGNY, ingénieur civil. 1 volume
avec 230 figures. 3° édition . . . . 4 fr.

Ouvrage adopté par la *Ville de Paris* pour les bibliothèques munic[les].

EXTRAIT DE LA TABLE DES MATIÈRES. — Définitions et mesure du temps, la chrono-
métrie au service de la mesure du temps, historique des premiers instruments,
invention des horloges mécaniques, les montres et les chronomètres; horlogerie moderne. — Eléments des sciences nécessaires à l'horloger. — Les organes des instruments
chronométriques, les trois pièces fondamentales : le moteur, le régulateur, l'échappement. Outillage de l'horloger, machines, métaux et alliages en usage en horlogerie. —
Démontage, nettoyage, repassage, rhabillage d'une montre. — L'horlogerie électrique; la
pendule régulatrice, les récepteurs. — L'atelier de l'amateur, travail du bois et des
métaux, outillage, automates. — L'horlogerie de l'amateur. Ce qu'il est indispensable de
connaître sans être horloger. — Procédés et recettes, tours de main, secrets d'atelier,
renseignements, formules, compositions, vernis pouvant être utiles aux horlogers et aux
mécaniciens. — Vocabulaire des termes techniques.

HYGIÈNE DU TRAVAIL (*L'*), par le Dr Monin, avec une préface de M. Yves Guyot, ancien ministre des Travaux publics. 1 volume. **4 fr.**

Ouvrage adopté par le *Ministère de l'Instruction publique* pour les bibliothèques populaires et honoré de souscriptions du *Ministere du Commerce et de l'Industrie* et de la *Ville de Paris*.

INGÉNIEUR ÉLECTRICIEN (Voir Électricien, p. 6).

IMPRESSIONS PHOTOGRAPHIQUES (*Traité des*), par A. Poitevin, suivi d'appendices relatifs aux procédés de photographie négative et positive sur la gélatine, d'héliogravure, d'hélioplastie, de photolithographie, de phototypie, de tirage au charbon, d'impression aux sels de fer, par Léon Vidal. 2ᵉ édition entièrement revue et complétée. 1 volume. . . . . **4 fr.**

JAPON PRATIQUE (*Le*), par Félix Regamey. 4ᵉ édition. 1 volume illustré de 98 dessins de l'auteur. . . . . **4 fr.**

Ouvrage honoré de souscriptions du *Ministère de l'Instruction publique* pour les bibliothèques scolaires et populaires et adopté par la *Ville de Paris* pour les distributions de prix.

Dessin spécimen du Japon pratique.

Table des matières. — Le Japon vu par un artiste. — La pierre. — Le bois. — Le métal : fondeurs, armuriers. — Céramique : fabrication de la porcelaine et de la faïence. — Vers à soie. — Arts graphiques : le papier, l'encre de Chine, les pinceaux, les images, cuirs décorés. — Mœurs et coutumes. — Notions diverses, etc. — Vocabulaire. — Bibliographie.

JARDINAGE (*Manuel pratique de*), manière de cultiver soi-même un jardin ou d'en diriger la culture, par Courtois-Gérard, horticulteur. 1 volume. 11° édition avec 1 planche et de nombreuses figures dans le texte. . . . . 4 fr.

Ouvrage adopté par le *Ministère de l'Instruction publique* pour les bibliothèques scolaires et populaires, et honoré de souscriptions du *Ministère de l'Agriculture.*

Sommaire des principaux chapitres : Dispositions générales d'un jardin potager. — Calendrier. — Travaux de chaque mois. — Les outils. — Les défoncements. — Les fumiers. — Les arrosements. — Les couches. — Semis. — Repiquages. — Marcottes. — Boutures. — De la greffe. — De la conservation des plantes. — Les maladies des plantes potagères. — La culture des arbres fruitiers. — La culture des arbres d'agrément. — Destruction des animaux nuisibles, etc.

JOAILLIER (*Guide pratique du*), ou Traité complet des pierres précieuses, leur étude chimique et minéralogique, les moyens de les reconnaître, leur valeur, leur emploi, la description des principaux chefs-d'œuvre auxquels elles ont concouru, par CH. BARBOT, ancien joaillier, avec 3 planches renfermant 178 figures. Nouvelle édition, revue, corrigée et annotée par CH. BAYR. 1 volume . . . . 4 fr.

Ouvrage adopté par la *Ville de Paris* pour les bibliothèques munic¹ˢ.

LAINE peignée, cardée, peignée et cardée (*Traité pratique de la*), contenant : 1ʳᵉ *partie*, mécanique pratique, formules et calculs appliqués à la filature; 2° *partie*, filature de la laine peignée, cardée peignée, sur la Mull-Jenny; 3° *partie*, filage anglais et français sur continu; 4° *partie*, laine cardée, par Charles LEROUX, ingénieur mécanicien, directeur de filature. 1 volume avec 32 figures dans le texte et 4 planches. . . . . 15 fr.

Ouvrage honoré de souscriptions du *Ministère du Commerce*

LAPINS (*Guide pratique de l'éducateur des*), ou Traité de la race cuniculine, avec l'Art de mégisser leurs peaux et d'en confectionner des fourrures, par MARIOT-DIDIEUX, et guide pratique de l'éducation lucrative des **OIES** et des **CANARDS**, par MARIOT-DIDIEUX. 4° édition revue et augmentée d'un chapitre sur l'élevage des **DINDONS**, des **PINTADES** et des **PIGEONS**, par ABEL LINARD, aviculteur. 1 volume. . . . . 4 fr.

Ouvrage adopté par le *Ministère de l'Instruction publique* pour les bibliothèques scolaires et populaires et honoré d'une souscription du *Ministère de l'Agriculture.*

LIQUEURS (*Traité de la fabrication des*) françaises et étrangères, sans distillation, augmenté de nouvelles recettes pour la fabrication du kirsch, du rhum, du bitter, la préparation et la bonification des eaux-de-vie, pour la fabrication des sirops, etc., etc., par L.-F. DUBIEF, chimiste œnologue. 1 volume. 9° édition . . . . 4 fr.

LIQUORISTE DES DAMES (*Le*), ou l'art de préparer toutes sortes de liqueurs de table et de parfums de toilette, par L.-F. DUBIEF. 1 volume avec figures. . . . . 2 fr.

MAÇONNERIE. — Guide pratique du Constructeur, par A. DEMANET, lieutenant-colonel honoraire du génie, membre de l'Académie royale de Belgique, etc. 1 volume avec tableaux et 20 planches doubles renfermant 137 figures. 1 volume. . 4 fr.

Ouvrage adopté par le *Ministère de l'Instruction publique* pour les bibliothèques scolaires et populaires et honoré de souscriptions du *Ministère du Commerce et de l'Industrie*.

MAGNANIER (*Manuel du*). Application des théories de M. PASTEUR à l'éducation des vers à soie, par Léopold ROMAN. 1 volume avec 32 figures dans le texte et 6 planches. . . . 4 fr.

MAISON (*Comment on construit une*), par VIOLLET-LE-DUC. 1 vol. avec 62 dessins par l'auteur. 16e édition. . . . . 4 fr.

Ouvrage honoré d'importantes souscriptions du *Ministère de l'Instruction publique* pour les bibliothèques scolaires et populaires, ainsi que de la *Ville de Paris* pour les distributions de prix et les bibliothèques municipales.

Extrait de la table des matières. — Plantations de la maison et opérations sur le terrain. — La construction en élévation. — La visite au chantier. — L'étude des escaliers. — Ce que c'est que l'architecture des études théoriques. — La charpente. — La fumisterie. — La menuiserie. — La couverture et la plomberie. — L'inauguration.

MÉCANICIEN (*Guide de l'ouvrier*), par J.-A. ORTOLAN, mé-

Figure spécimen du *Guide de l'ouvrier mécanicien*.

canicien en chef de la flotte, officier de la Légion d'honneur et de l'Instruction publique, avec la collaboration de MM. Bonnefoy, Cochez, Dinée, Gibert, Guipont, Juhel, anciens élèves des Écoles d'arts et métiers. Édition revue et notablement augmentée, comprenant 3 volumes et 62 planches.

Chaque volume, 4 fr. — L'ouvrage complet, 12 fr.

Ouvrage adopté par le *Ministère de l'Instruction publique* pour les bibliothèques populaires et par la *Ville de Paris* pour les bibliothèques municipales. Honoré de souscriptions du *Ministère du Commerce et de l'Industrie.*

* MÉCANIQUE ÉLÉMENTAIRE. 6e édition. 1 volume avec figure et 11 planches . . . . 4 fr.

PREMIÈRE PARTIE. — *Arithmétique.* — Numération. — Premières règles. — Fractions. — Système décimal. — Carrés, cubes. — Racines carrées, racines cubiques. — Règles d'intérêt, de mélange et d'alliage. — *Algèbre pratique.* — Équations algébriques. — Géométrie pratique. — Tracés géométriques et mesure et division des lignes et des angles. — Solides. — Mesures des surfaces des volumes. — *Lignes trigonométriques.* — *Annexe :* Système métrique.

DEUXIÈME PARTIE. — *Mécanique élémentaire, forces, frottements.* — Principe des machines. — Chute, poids, densité des corps. — Forces. — Composition des forces. — Centre de gravité. — Travail des forces et sa mesure. — Équilibre des machines simples. — Frottements et glissements. — Origine des forces produisant le mouvement dans les machines. — Des machines en général.

** MÉCANIQUE DE L'ATELIER. 7e édition. 1 volume avec 34 figures et 26 planches. . . . . 4 fr.

TROISIÈME PARTIE. — Transmissions et transformations de mouvement.

QUATRIÈME PARTIE. — *Résistance des matériaux :* Effort de traction. — Effort de compression. — Force de flexion. — Résistance au cisaillement. — Résistance à la torsion. — Épaisseur des murs. — Pans de bois, planchers et combles.

CINQUIÈME PARTIE. — *Machines motrices à air et hydrauliques. Machines à presser.* — Moulins à vent. — Machines soufflantes. — Scieries. — Appareils et machines à élever l'eau. — Pompes élévatoires. — Machines motrices hydrauliques. — Roues à aubes planes, à aubes courbes. — Roues à augets. — Roues pendantes. — Turbines. — Roues à niveau constant. — Roues à admission intérieure. — Résultats pratiques des divers systèmes de roues hydrauliques. — Presses hydrauliques. — Pressoirs.

*** PRINCIPES ET PRATIQUE DE LA MACHINE A VAPEUR. 9e édit. 1 vol. avec 36 fig. et 25 planches. . . . . 4 fr.

SIXIÈME PARTIE. — *Formation de la vapeur. Chaudières :* De la chaleur. — De la vapeur. — Condensation. — Chaudières à vapeur. — Dimensions. — Consommation d'eau et de combustible. — Données sur l'établissement des détails des chaudières.

SEPTIÈME PARTIE. — *Machines motrices à vapeur, à gaz :* Calcul de la puissance et dimensions des pièces principales des machines à vapeur. — Appréciation des divers systèmes de machines. — Principaux types de machines à vapeur admis dans la pratique de 1869 à 1887. — *Annexes :* Généralités sur les nouvelles chaudières à vapeur. — Principes de la combustion. — Vocabulaire des éléments et des produits divers de la combustion. — Combustibles usuels. — Essais et mise en service des chaudières, des machines. — Matières employées au service des moteurs à vapeur. — Décret sur l'établissement des machines à vapeur.

MÉTÉOROLOGIE AGRICOLE (*Manuel de*) appliquée aux travaux des champs, à la physiologie végétale et à la prévision du temps, par F. CANU et A. LARBALÉTRIER. 1 vol. avec 3 figures et de nombreux tableaux . . . . 2 fr.

Adopté par le *Ministère de l'Instruction publique* pour les bibliothèques populaires et par la *Ville de Paris* pour être distribué en prix.

MÉTIERS MANUELS (*Le livre des*), répertoire des procédés industriels, tours de main et ficelles d'atelier, recueillis par J.-P. HOUZÉ. Nouvelle édition. 2 vol. avec planches et figures. — **En préparation.**

MINÉRALOGIE APPLIQUÉE (*Guide pratique de*), histoire naturelle inorganique ou connaissance des combustibles minéraux, des pierres précieuses, des matériaux de construction, des argiles céramiques, des minerais, etc., par A.-F. NOGUÈS, professeur de sciences physiques et naturelles.

PREMIÈRE PARTIE. — 1 volume avec 124 figures . . . . **4 fr.**

DEUXIÈME PARTIE. — 1 volume avec 124 figures. . . . . **4 fr.**

MOTEURS MODERNES (*Les*), à Eau, à Gaz, à Pétrole ou Électriques. Étude et applications des divers moteurs. Leur prix de revient, leur installation, leur entretien. — Législation concernant les moteurs, etc., par FÉLICIEN MICHOTTE, ingénieur E. C. P., conseil expert. 1 vol. avec 76 figures dans le texte. **4 fr.**

MOTOCYCLISTE (*Guide-Manuel pratique du*). Théorie du moteur à explosion. Moteurs divers. Carburateurs. Allumage. Les motobicyclettes. Les tricycles et quadricycles à pétrole. Apprentissage et conduite des motocycles. Examen du motocycliste. Les pannes. Voyage à motocycle. Soins divers. Entretien. Réparation. Règlement sur la circulation des motocycles par H. DE

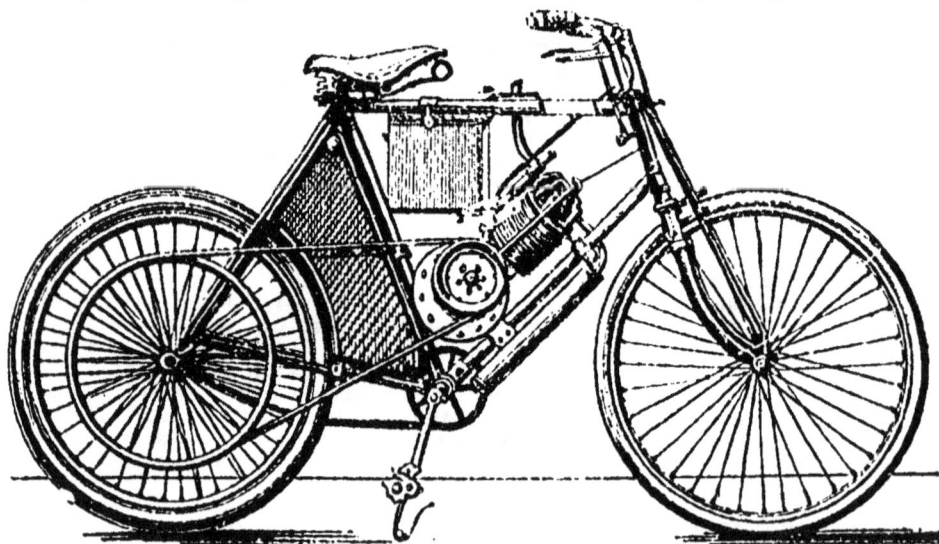

Spécimen des figures du *Guide-Manuel du Motocycliste*.

GRAFFIGNY, ingénieur civil, professeur d'automobilisme à l'Association philotechnique. 1 volume in-18 avec 94 figures. **4 fr.**

OFFICIER (*Comment on devient*), par Félix JUVEN, officier d'administration, licencié en droit, officier d'académie. 1 volume. . . . . **4 fr.**

OIES et **CANARDS** (Voir Lapins, page 10).

OUVRIER ÉLECTRICIEN — En préparation.

OUVRIER MÉCANICIEN (Voir page 11).

PARFUMEUR (*Guide pratique du*), dictionnaire raisonné des cosmétiques et parfums, contenant : la description des substances employées en parfumerie, les altérations ou falsifications qui peuvent les dénaturer, etc., les formules de plus de 500 préparations diverses, par le docteur B. LUNEL. 1 volume rédigé sous forme de dictionnaire. Nouvelle édition. . . . **4 fr.**

PERSPECTIVE (*Théorie pratique de la*). Étude à l'usage des artistes peintres, des élèves des Écoles des beaux-arts, des Écoles industrielles, par V. PELLEGRIN, peintre. 1 volume avec 42 figures et 1 planche. **2 fr.**

PHOTOGRAPHIE (*Traité pratique de*). Éléments complets. Perfectionnements et méthodes nouvelles. Procédé au gélatinobromure, par GRYMET. 4° édition revue et augmentée par Eug. DUMOULIN. 1 volume. . . . . **4 fr.**

PHOTOGRAPHIE (Voir Impressions photographiques, page 9).

PIANISTE (*L'Art du*), par J. ROMBU, membre de l'Académie de musique de Bologne. 1 volume. . . . . **4 fr.**

PIERRES PRÉCIEUSES (Voir Joaillier, page 10).

PIGEONS et **PINTADES** (Voir Lapins, Oies et Canards, page 10).

PISCICULTURE et **AQUICULTURE FLUVIALES** (*Manuel de*), appliqué au repeuplement des cours d'eau et à l'élevage en eaux fermées, par Albert LARBALÉTRIER, diplômé de l'École de Grignon, professeur à l'École d'agriculture du Pas-de-Calais, etc. 1 volume avec figures et tableaux. . . . . **4 fr.** Ouvrage adopté par le *Ministère de l'Instruction publique* pour les bibliothèques populaires.

PONTS ET CHAUSSÉES et de l'Agent voyer (*Guide pratique du Conducteur des*). Principes de l'art de l'ingénieur, comprenant : plans et nivellements, routes et chemins, ponts et

aqueducs, travaux de construction en général et devis, par
F. BIROT, ingénieur civil, ancien conducteur des ponts et
chaussées. 5e édition, revue et augmentée.

Première partie. — ROUTES. — 1 volume accompagné de
12 planches doubles, contenant 99 figures . . . . 4 fr.

Deuxième partie. — PONTS. — 1 volume accompagné de
8 planches doubles, contenant 44 figures. . . . . 4 fr.

PORCHERIES (Voir Habitations des animaux, page 7).

POULES (*Éducation lucrative des*), ou traité raisonné de
gallinoculture, par MARIOT-DIDIEUX, vétérinaire en premier aux
remontes de l'armée, membre et lauréat de plusieurs Sociétés
savantes. *Nouvelle édition* entièrement revue et mise au courant
des derniers perfectionnements, par Abel LINARD, aviculteur.
1 volume. . . . . 4 fr.

Ouvrage honoré d'une souscription du *Ministère de l'Agriculture.*

RELIURE (*L'Art et la pratique en*), par H.-L. Alph. BLANCHON,
1 volume illustré de 78 figures. . . . . 2 fr.

Outillage, matières et produits nécessaires aux reliers. — Opérations préliminaires.
— Endossage, rognage. — Ornementation des tranches. — Couvrure. — Cartonnage. —
Coup d'œil dans le passé. — La reliure moderne. — Dorure et finissage. — Appendice :
assurance contre les accidents du travail, rapport de M. Lemale à l'assemblée générale
des patrons reliers.

ROUTES (Voir Ponts et Chaussées, page 14).

SCIENCES PHYSIQUES (*Éléments des*), appliquées à
l'agriculture, par A.-F. POURIAU, docteur ès sciences, ancien élève
de l'École centrale, professeur à l'École d'agriculture de Grignon.

Première partie. CHIMIE INORGANIQUE. 1 volume avec
153 figures dans le texte et tableaux. . . . . 4 fr.

Deuxième partie. CHIMIE ORGANIQUE. 1 volume avec 65 figures dans le texte et tableaux . . . . 4 fr.

SERRURERIE (*Nouveaux Barèmes de*), par E. ROULAND.
1 volume. . . . . 4 fr.

Extrait de la table des matières. — *Balcons* en barreaux de fer rond, plat, carré
avec ou sans ornements. — *Grilles fixes et Grilles ouvrantes* à deux vantaux en
barreaux de fer rond avec ou sans petits barreaux, avec ou sans ornements. — *Portes*
à un vantail et à deux vantaux en fer à T avec panneaux tôle. — *Poids des fers*, fers
plats, carrés, ronds, T et cornières double T. — *Poids des tôles.*

TISSUS (*Manuel du commerce des*). *Vade-mecum* du Marchand
de Nouveautés, par Edmond BOURDAIN. 1 volume . . . . 3 fr.

Ouvrage adopté par la *Ville de Paris* pour les bibliothèques municᵖˢ.

VACHE LAITIÈRE (*Guide pratique pour le choix de la*), par Ernest DUBOS, vétérinaire de l'arrondissement de Beauvais, professeur de zootechnie à l'Institut agricole de la même ville. 1 volume avec 7 planches. 3ᵉ édition. . . . . 2 fr.

VIGNERON (✳ *Guide pratique du*), culture, vendange et vinification, par FLEURY-LACOSTE, suivi des *Maladies de la* **VIGNE**, causes et effets morbides depuis l'origine de sa culture jusqu'à nos jours, avec les moyens à employer pour les prévenir et les combattre. Précédé d'une description historique et botanique de cette plante précieuse, par SERIGNE (de Narbonne). 1 volume. 4 fr.

Ouvrage adopté par le *Ministère de l'Instruction publique* pour les bibliothèques scolaires et populaires.

VIN (*Guide pratique pour reconnaître et corriger les fraudes et maladies du*), par Jacques BRUN et Albert BRUN. 1 volume, avec de nombreux tableaux. 2ᵉ édition, revue et augmentée. . 2 fr.

VINS FACTICES (*Guide de la fabrication des*) et des boissons vineuses en général, ou manière de fabriquer soi-même les vins, cidres, poirés, bières, hydromels, piquettes et toutes sortes de boissons vineuses, par des procédés faciles, économiques et hygiéniques, suivi de *l'Immense Trésor des* **VIGNE-RONS** et des **Marchands de Vin**, indiquant des moyens inédits pour vieillir instantanément les vins, leur enlever les mauvais goûts, même celui de terroir, colorer les vins blancs en rouge d'une manière hygiénique et sans aucun coupage et éviter leur dégénérescence, par L.-F. DUBIEF. 5ᵉ édition. 1 vol. 4 fr.

VINIFICATION (*Traité complet de*). Art de faire du vin avec toutes les substances fermentescibles, en tout temps et sous tous les climats, par L.-F. DUBIEF. 7ᵉ édition. 1 vol. 4 fr.

VINS (*Traité du commerce des*) et autres boissons, par V. et G. EMION. 2ᵉ édition. 1 volume avec de nombreux tableaux. 4 fr.

Extrait de la table des matières. — EXERCICE DU COMMERCE DES BOISSONS: Personnes qui peuvent exercer le commerce. — Formalités à remplir pour ouvrir des débits de boissons. — Poids et mesures. — Vente. — Conclusion des marchés. — Transpo. des boissons. — Commerce des boissons avec l'étranger. — Délits et quasi-délits en matière de vente de boissons. — RAPPORTS AVEC LA RÉGIE.

Envoi *franco* **de toute demande accompagnée de son montant,** **en billets de banque, timbres ou mandats-poste.**

19080. — L.-Imp. réun., 7, rue Saint-Benoît Paris.

J. HETZEL et Cⁱᵉ, Éditeurs, 18, rue Jacob, Paris.

BIBLIOTHÈQUE DES PROFESSIONS

INDUSTRIELLES, COMMERCIALES, AGRICOLES ET LIBÉRALES

	fr.
Assurances, par A. Petit, 3 vol. à 2ᶠ.	6
Automobiles (voir **Cycles**)	4
Beaux-Arts (Introduction à l'étude des), par Carteron	4
Bergeries, Porcheries, par Gayot.	2
Bijoutier (Guide), par Moreau	2
Bois (Carbonisation), par Dromart.	4
Bois (Cubage, estimation), par Frochot.	4
Brasseur (Guide), par Mulder	4
Bris et naufrages (Code), Tartara.	4
Calculs et comptes faits	4
Charcuterie pratique, Berthoud...	4
Chauffeur (Manuel), par Jaunez....	2
Chimie (Générale élémentaire), par Hétet, 2 vol. à 4ᶠ	8
Chimiste agriculteur, par Pouriau.	4
Constructeur (Guide), par Pernot..	4
Construction à la mer, par Bouriceau, 1 vol. 4 fr. et un Atlas 4 fr.	8
Corps gras industriels, Chateau..	4
Cuisine pratique, par de Saint-Juan.	4
Culture maraîchère, par Courtois-Gérard	4
Cycles et Automobiles (Constructeur et Conducteur), par de Graffigny.	4
Dessinateur (Comment on devient un), par Viollet-le-Duc	4
Droit maritime, par Doneaud	2
Eaux gazeuses (Fabrication des), par Michotte et Guillaume	4
Éclairage électrique (Montage des Appareils), par de Gaisberg..	2
Électricien (Ingénieur), Graffigny.	4
Entomologie agricole, p. H. Gobin.	4
Escompteur (Manuel), Lacombe....	6
Féculier, amidonnier, par Dubief..	2
Ferments et fermentations, A. Rey.	4
Galvanoplastie, par Geymet	4
Géologie (Manuel), par Dana	4
Géomètre arpenteur, par Guy	4
Grandes Écoles de France, par Mortᵉ d'Ocagno : Carrières civiles...	4
Services de l'État	4
Herboriseur, par Ed. Grimard	4
Horloger, par H. de Graffigny	4
Hygiène du travail, par Dʳ Monin..	4
Impressions photographiques, par Poitevin et Vidal	4
Japon pratique (le), par F. Régamey.	4
Jardinage, par Courtois-Gérard....	4
Joaillier (Guide du), par Barbot....	4

	fr.
Laine (Filature), par Leroux	6
Lapins, Oies et Canards (Éducation des), par Mariot-Didieux	4
Liqueurs (Fabrication), par Dubief..	4
Liquoriste des Dames, par Dubief..	2
Maçonnerie, par Demanet. 1 vol.....	4
Magnanier, par Roman	4
Maison (Comment on construit une), par Viollet-le-Duc	4
Mécanicien (l'Ouvrier), par Ortolan :	4
Mécanique élémentaire, 1 vol	4
Mécanique de l'atelier, 1 vol	4
Principes et pratique de la machine à vapeur, 1 vol	4
Météorologie, Mascart et Moureaux.	2
Météorologie agricole, par Canu et Larbalétrier	2
Minéralogie, Noguez, 2 vol. à 4 fr.	8
Moteurs modernes, par F. Michotte.	4
Motocycliste (Guide du), Graffigny.	4
Officier (Comment on devient), Juven.	4
Papier et Carton, Prouteaux, 1 vol...	4
Parfumeur, par le Dʳ Lunel	4
Perspective, par Pellegrin	2
Photographie, par Geymet	4
Pianiste (Art du), par Romeu	4
Pisciculture, par Larbalétrier	4
Ponts et Chaussées, par Birot :	
Ponts, 1 vol	4
Routes, 1 vol	4
Poules, par Mariot-Didieux	4
Reliure (Art et pratique), par A. Blanchon	2
Saule et Roseau, par Koltz	2
Sciences physiques appliquées à l'Agriculture, par Pouriau, 2 vol. à 4ᶠ.	8
Serrurerie (Barèmes), E. Rouland...	4
Sucres (Essai, analyse), par Monier..	2
Tissus (Commerce des), Ed. Bourdain.	3
Vache laitière (Choix), par Dubos..	2
Vêtements de femmes et d'enfants, par Élisa Hirtz	3
Vigneron (Guide du), par Fleury-Lacoste, suivi des **Maladies de la vigne**, par Scrigne, 1 vol	4
Vins (Fraudes et maladies), par Brun.	2
Vins factices, suivi de l'Immense trésor des Vignerons et des Marchands de Vins, par Dubief.	4
Vins (Traité du Commerce), Émion...	4
Vinification, par Dubief	4

TYPOGRAPHIE FIRMIN-DIDOT ET Cⁱᵉ. — MESNIL (EURE).

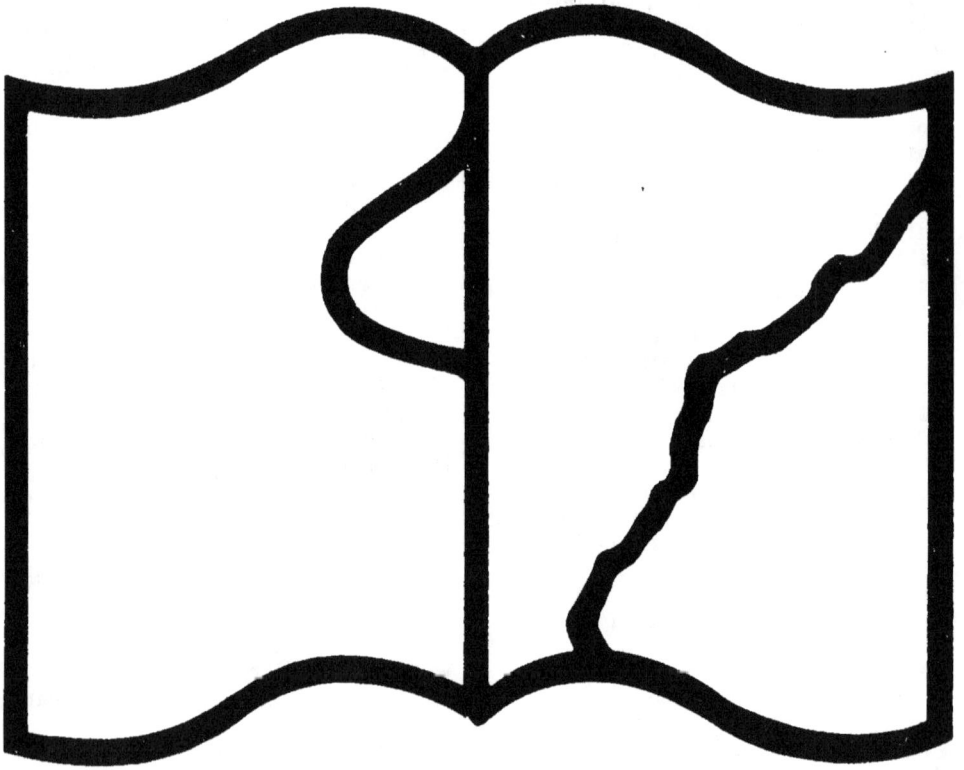

Texte détérioré — reliure défectueuse

NF Z 43-120-11

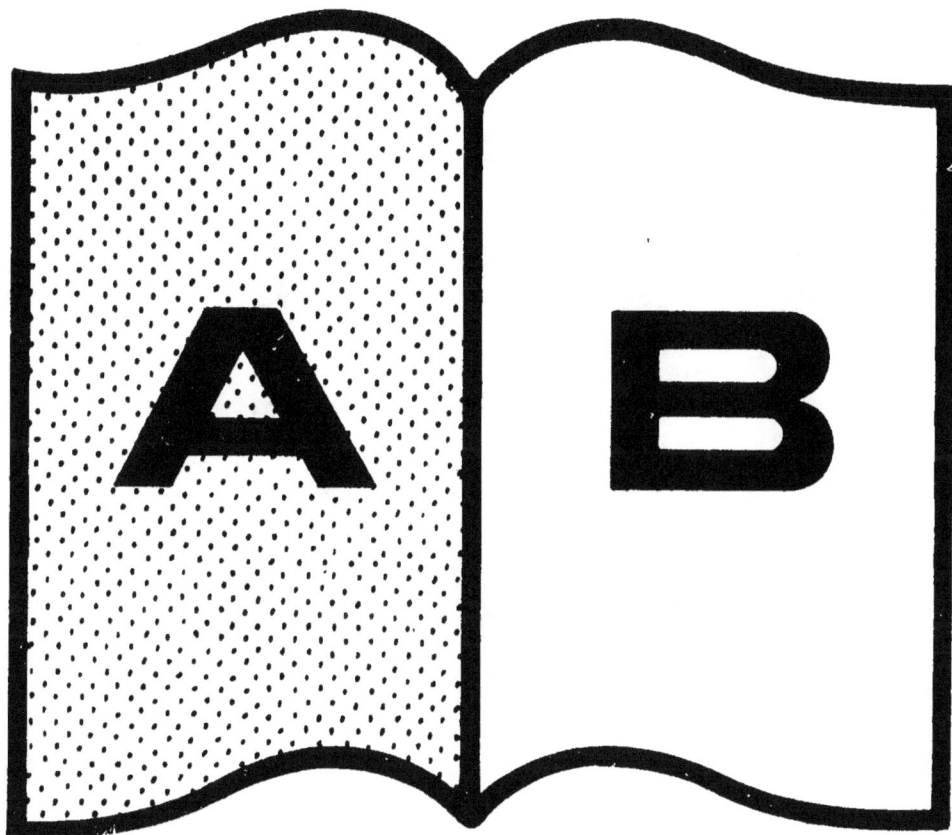

Contraste insuffisant

NF Z 43-120-14